D1875308

Faszinierende Forschung

Sehen · Staunen · Wissen

MATERIE

Teilweise geöffnete Hohlform für Medizinfläschchen (19. Jh.)

Durch Elektrolyse gewonnene Metalle (Mitte 19. Jh.)

Crookes' Thallium-Verbindungen und sein Notizbuch

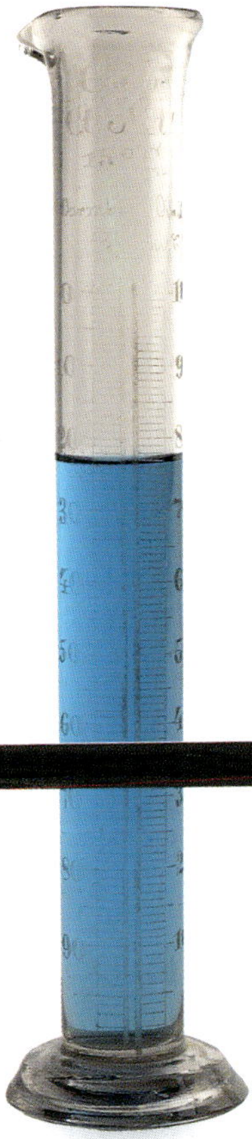

Meßzylinder (19. Jh.)

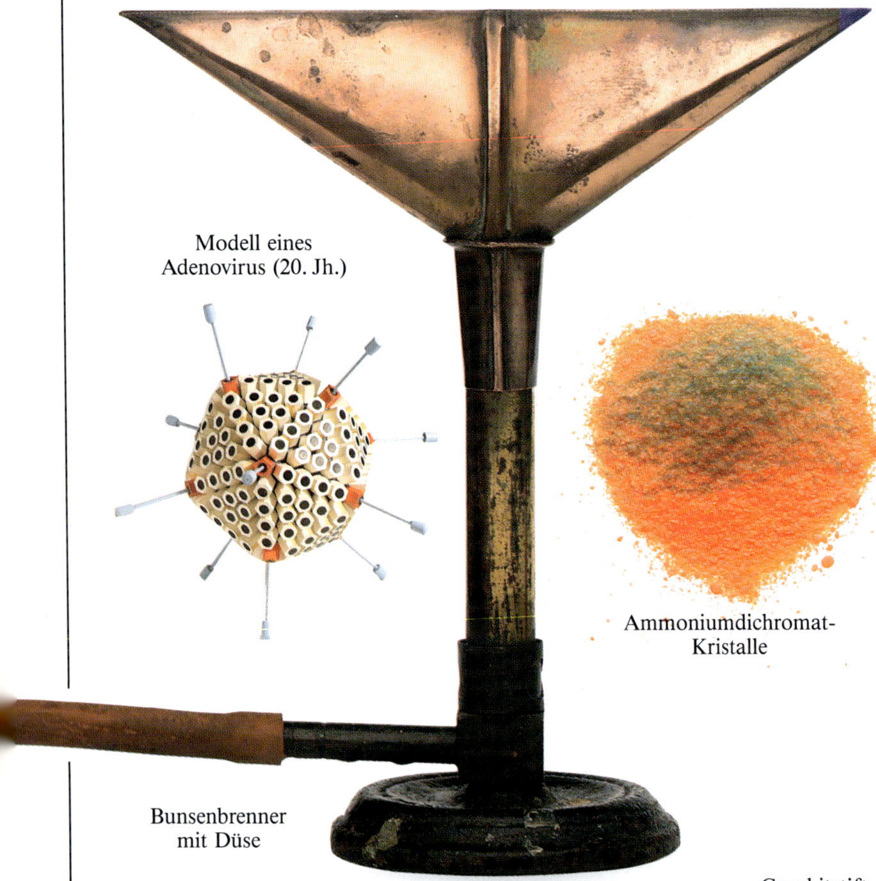

Modell eines Adenovirus (20. Jh.)

Ammoniumdichromat-Kristalle

Bunsenbrenner mit Düse

Graphitstift

Faszinierende Forschung
Sehen · Staunen · Wissen

ömische
ünzen (2. Jh.)

Dosen mit Chemikalien (19. Jh.)

MATERIE

Vom Vier-Elemente-Modell der Antike bis zur modernen Atomphysik

Text von Christopher Cooper

Tyndalls Versuchsanordnung zur Senkung des Siedepunkts (1880er Jahre)

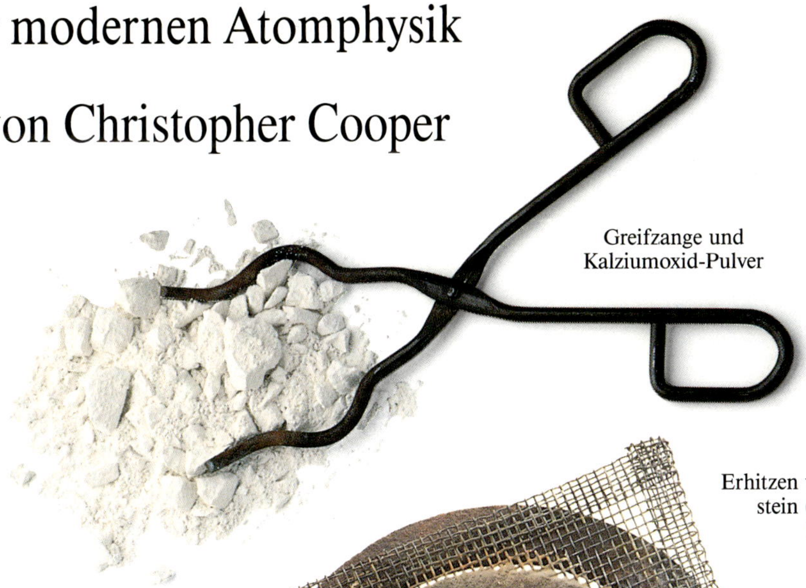

Greifzange und Kalziumoxid-Pulver

Erhitzen von Kalkstein (Kalziumkarbonat)

Gerstenberg Verlag

Dosen mit Chemikalien (19. Jh.)

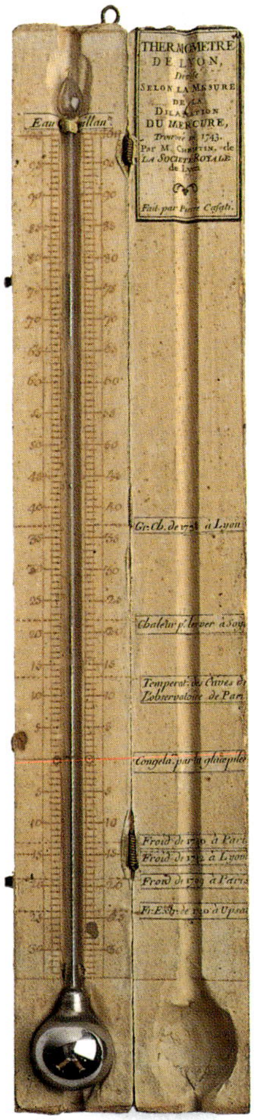

Thermometer aus Lyon (18. Jh.)

Altägyptischer Spiegel

Die Deutsche Bibliothek – CIP-Einheitsaufnahme

Materie: vom Vier-Elemente-Modell der Antike bis zur modernen Atomphysik / Text von Christopher Cooper. [Aus dem Engl. übers. von Klaus Sticker]. – Hildesheim: Gerstenberg, 1993 (Sehen, Staunen, Wissen: Faszinierende Forschung) Einheitssacht.: Matter <dt.>
ISBN 3-8067-4802-0
NE: Cooper, Christopher; EST

Ein Dorling-Kindersley-Buch;
Originaltitel: Eyewitness Science: Matter
Copyright © 1992 Dorling Kindersley Ltd., London
Lektorat: Sharon Lucas, Josephine Buchanan
Fachliche Beratung: Alan Morton/Science Museum, London, Jack Challoner
Layout und Gestaltung: Neville Graham, Heather McCarry, Joanna Figg-Latham
Herstellung: Eunice Paterson
Fotografische Spezialeffekte: Dave King

Aus dem Englischen übersetzt von Klaus Sticker
Deutsche Ausgabe Copyright © 1993 Gerstenberg Verlag, Hildesheim

Alle Rechte der Vervielfältigung und Verbreitung einschließlich Film, Funk und Fernsehen sowie der Fotokopie, Mikrokopie und der Verarbeitung mit Hilfe der EDV vorbehalten. Auch auszugsweise Veröffentlichungen außerhalb der engen Grenzen des Urheberrechts- und Verlagsgesetzes bedürfen der schriftlichen Zustimmung des Verlages.

Satz: Wittmann + Wäsch KG, Gehrden
Printed in Singapore
ISBN 3-8067-4802-0

Ausrüstungsteile für Flammproben (19. Jh.)

Bunsenbrenner (1872)

Inhalt

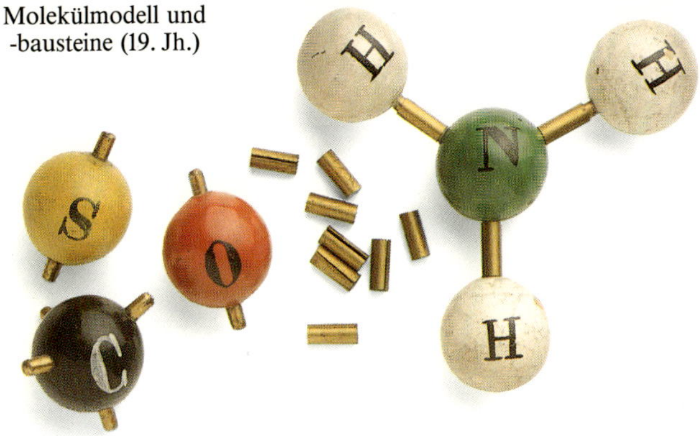

Molekülmodell und -bausteine (19. Jh.)

Materie – was ist das?

Die Materie begegnet uns in einer unüberschaubaren Vielfalt der Formen – von den Sternen im Weltall bis zum winzigen Staubkorn. Materie ist alles Stoffliche, das uns umgibt. Ist ihre Menge begrenzt, spricht man von Körper. Ein Körper ist z.B. ein Gegenstand in unseren Händen oder Wasser in einem Gefäß. Gemeinsam ist allen Stoffen die Masse: Sie ist sowohl Maß für die Menge eines Stoffs als auch Ursache für die Trägheit der Materie. Trägheit ist die Eigenschaft jeder Masse, ihren Bewegungszustand beizubehalten, solange keine äußere Kraft einwirkt. So hat ein Lastwagen eine größere Masse und läßt sich schwerer von der Stelle bewegen als ein Spielzeugauto. An die Masse ist die Fähigkeit gebunden, andere Körper anzuziehen. Je größer die Masse, desto größer die Anziehungskraft. Noch vor 200 Jahren hielten viele Gelehrte auch die Wärme für eine Form der Materie. Heute betrachtet man Wärme, ebenso wie Schall, als Bewegung der Materieteilchen (S. 38–39).

DIE WELT IM KLEINEN
Dieses Terrarium ist eine Welt für sich. Es enthält alle drei Formarten der Körper, Aggregatzustände genannt, nämlich feste (S. 12–13), flüssige (S. 18–19) und gasförmige Körper (S. 20–21).

ORGANISCHES LEBEN
Lebende Materie (S. 42–43) kann komplizierte Formen hervorbringen und vielfältige Verhaltensweisen zeigen. Früher sahen die Menschen in den Lebewesen ein „höheres Prinzip", eine göttliche Kraft, wirken, von manchen Seele genannt. In den Augen moderner Wissenschaftler gehorchen die Stoffe in lebender und toter Materie jedoch denselben Gesetzen.

Pflanzen recken sich dem Licht entgegen.

MISCHEN UND TRENNEN VON STOFFEN
Aus Kies, Sand und Wasser läßt sich ein Gemisch herstellen, das man leicht wieder in seine Bestandteile „zerlegen" kann (S. 26–27). Jeder dieser Stoffe baut sich wiederum aus anderen Stoffen auf, die fester miteinander verbunden und deshalb schwerer voneinander zu trennen sind. So verbinden sich beispielsweise die Gase Wasserstoff und Sauerstoff zu Wasser. Man spricht hier nicht mehr von einem Gemisch, sondern von einer chemischen Verbindung (S. 26–27).

Ein Gemisch aus Kies, Sand und Wasser

METALLE
In der Natur kommen Metalle (S. 16–17) meist in bestimmten Gesteinen vor, Erze genannt. Gediegene (d.h. reine) Metalle findet man nur selten. Meist muß man die Metalle also aus dem Erz herauslösen. Ist das reine Metall (z.B. Kupfer) gewonnen, wird es häufig mit anderen Metallen (z.B. Zink) zu einem neuen Stoff, einer Legierung, zusammengeschmolzen.

Blei ist ein fest aussehendes Metall, das aber schon bei 327,5 °C flüssig wird.

LÖSUNGEN UND KOLLOIDE
Viele Substanzen kann man in flüssigen Stoffen (ihren Lösungsmitteln) lösen. Dabei zerteilen und durchdringen sich die beteiligten Stoffe bis in einzelne Moleküle und Atome, die kleinsten Bausteine der Materie. Weniger fein verteilt sind sie in sogenannten Kolloiden (Mischungen, S. 24–25) aus festen, flüssigen oder gasförmigen Stoffen.

Glas ist ein durchsichtiger Stoff.

DIE WELT DER GASE
Lösen sich die Bausteine eines Stoffs voneinander, geht dieser in den gasförmigen Zustand über. Gase haben keine feste Gestalt und füllen jeden Raum aus, der ihnen zur Verfügung steht. Luft erkannte man zuerst als gasförmigen Körper. Es dauerte viele Jahrhunderte, bis man andere Gase entdeckte – was nicht leicht war, denn die meisten Gase sind farblos und durchsichtig.

Kondenswasser bildet sich, wenn Wasserdampf abkühlt und sich wieder verflüssigt.

FLÜSSIGKEITEN
Wie Gase füllen auch flüssige Körper den zur Verfügung stehenden Raum, d.h. sie nehmen die Gestalt des Gefäßes an, in dem sie sich befinden. Viele Stoffe in der Natur sind flüssig. So ist der wichtigste Bestandteil aller Lebewesen das Wasser, aus dem auch der größte Teil des menschlichen Körpers besteht. Blut, das gelöste Nährstoffe und Stoffwechselprodukte im Körper transportiert, enthält größtenteils Wasser.

Schmetterlinge, eine Form organischen Lebens, sind mit mehr als 150 000 Arten weltweit vertreten.

In Wasser sind auch die in der Luft enthaltenen Gase Sauerstoff und Kohlendioxid gelöst.

FESTE KÖRPER
Ohne die Bestandteile Metall und Glas (S. 24–25), die diesem Terrarium seine feste Gestalt geben, wäre es wohl kaum ein sicherer Ort für die Tiere und Pflanzen, die es beherbergt. Materie von bestimmter Gestalt nennt man einen festen Körper. Diese Gestalt verlieren die meisten Festkörper jedoch, wenn man sie so weit erhitzt, daß sie flüssig oder gasförmig werden.

Feste Körper wie z.B. ein solcher Stein haben eine bestimmte Gestalt.

Griechische Philosophie

Das Wesen der Materie wurde unter den Philosophen der griechischen Antike immer wieder erörtert. Man hielt die Welt bei all ihrer augenscheinlichen Vielfalt im Grunde für einfach. Für Thales (um 600 v.Chr.) war der Urstoff des ganzen Weltalls das Wasser. Für Empedokles (5. Jh.v.Chr.) bauten sich alle Stoffe aus den vier Elementen (Urstoffen) Erde, Wasser, Luft und Feuer auf – mit je unterschiedlichen Anteilen. Diesen fügte Aristoteles (4. Jh.v.Chr.) als fünftes Element den Äther der Himmelswelt hinzu. Leukipp (5. Jh. v.Chr.) vertrat dagegen die Ansicht, daß es nur einen einzigen Urstoff gebe. Teile man einen stofflichen Körper immer wieder, gelange man schließlich zu einem kleinsten, unteilbaren und unveränderlichen Teilchen. Demokrit (um 400 v.Chr.), der auf Leukipps Lehre aufbaute, nannte diese nicht sichtbaren kleinsten Teilchen „Atome" (S. 34–35), was „unteilbar" bedeutet. Gegen diese Theorie setzte sich jedoch die Auffassung des Aristoteles durch, der die Philosophie der folgenden 2000 Jahre prägte.

Abgegriffene Münzen: die Prägung verschwindet langsam.

MATERIALSCHWUND
Schon im alten Griechenland wußte man, daß Gegenstände wie Münzen oder der Stein von Statuen winzige unsichtbare Materieteilchen abgeben, wenn sie abgegriffen oder ausgewaschen werden.

ATOME UND ELEMENTE
Demokrit begründete die Theorie der Atome und verband sie mit der Lehre von den Elementen. Wie Platon ging er von nur vier Gestalten der Atome aus, für jedes Element eine. Er trat dem religiösen Glauben seiner Zeit entgegen und lehrte, daß sich die Atome im leeren Raum in ewiger Bewegung befinden. Sie lassen alle Dinge werden und vergehen – ohne Einfluß der Götter.

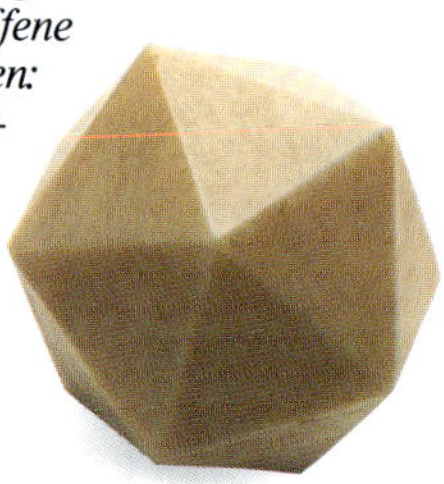

EIN MODELL DES WASSERS
Nach Platon (4. Jh.v.Chr.) besteht Wasser aus Ikosaedern. Das sind vielflächige feste Körper, begrenzt von 20 gleichseitigen Dreiecken.

EIN MODELL DER ERDE
Platon stellte sich die Bausteine des Elements Erde als Würfel vor: Sie können dicht „gepackt" werden und verleihen einem Körper Festigkeit.

Empedokles

DIE VIER ELEMENTE IM HOLZSCHEIT
Nach Empedokles haben die vier Elemente jeweils bestimmte Eigenschaften: Erde ist trocken und kühl, Wasser ist naß und kühl, Feuer ist warm und trocken, und Luft ist warm und feucht. Wandelt sich ein Stoff in einen anderen um, so Empedokles, dann trennen und verbinden sich die Elemente neu, aus denen er besteht. Dies geschieht unter dem Einfluß zweier Kräfte: der Liebe (verbindende Kraft bzw. Anziehung) und des Hasses (trennende Kraft bzw. Abstoßung). Im brennenden Holzscheit (unten) sind alle vier Elemente erkennbar: Verbrennt das Holzscheit, entwickelt sich Rauch, es treten Saft und Harz aus, und es entsteht Asche.

TROPFENDES HOLZSCHEIT
Nach Empedokles bestehen alle Flüssigkeiten, auch dickflüssige, aus Wasser, so z.B. der Saft, der aus einem brennenden Holzscheit tritt. Dabei kann sich das vorherrschende Element mit geringeren Anteilen der anderen Elemente mischen.

Der Saft des Holzes besteht im wesentlichen aus Wasser.

Asche und verkohltes Holz bestehen hauptsächlich aus Erde.

„ASCHE ZU ASCHE"
Nach der Lehre von den Elementen bestehen Asche und Holzkohle hauptsächlich aus dem Element Erde und einem kleinen Anteil Feuer. Am Ende der Verbrennung bleibt nicht genug Feuer zur Bildung weiterer Asche. Hingegen erzeugt ein Rest des Elements Feuer zeitweilig Wärme. Alle Elemente streben ihrem natürlichen Ort zu: Wasser und Erde fallen.

DIE FÜNF ELEMENTE
Die Gestalt auf diesem spätmittelalterlichen Holzschnitt steht auf den Elementen Erde und Wasser. In den Händen hält sie Luft und Feuer. Sonne, Mond und Sterne bestehen aus dem fünften Element, dem Äther.

EIN MODELL DER LUFT
Platons Modell des Luftatoms ist das Oktaeder, ein von acht Dreiecken begrenzter Körper.

Rauch besteht vor allem aus dem Element Luft und einem Anteil Erde in Form von Ruß.

KEIN RAUCH OHNE FEUER
Wenn Stoffe verbrennen, so glaubte man, wird das darin enthaltene Element Luft als Rauch freigesetzt. Nach Auffassung der Griechen streben auch Feuer und Luft ihrem natürlichen Ort zu: sie steigen.

EIN MODELL DES FEUERS
Nach Platon ist das Feueratom ein Tetraeder, ein von vier gleichseitigen Dreiecken begrenzter Körper.

UNWIDERSTEHLICHE FLAMMEN
Das Element Feuer trat in Flammen und Funken deutlich hervor, doch glaubten die Griechen, daß es in allen Stoffen vorhanden sei. Platons Modell des Feueratoms weist Spitzen und Kanten auf. So erklärte er sich, warum Feuer praktisch alle Stoffe durchdringen kann.

Flammen und Funken: das Element Feuer

Der Materie zu Leibe gerückt

Über Jahrhunderte änderten sich die Vorstellungen über Stoffe und Körper und ihr Verhalten nur wenig, bis im Europa des 16. und 17. Jahrhunderts die Gedanken Platons und Aristoteles' durch die Naturphilosophen wiederbelebt wurden. Man überprüfte sie nun mit Hilfe von Experimenten und genauen Untersuchungen. Mikroskop und Teleskop, in dieser Zeit praktisch benutzbar gemacht, leisteten dabei wertvolle Dienste. Messungen wurden genauer, neues Wissen konnte durch die neuen Drucktechniken rasch verbreitet werden. Die Naturwissenschaft wurde revolutioniert.

IM LABOR LABORIEREN
Diese Abbildung aus dem 17. Jh. zeigt zwei Verfahren, die den Naturphilosophen zur Untersuchung von Materie dienten: Erhitzen und Destillieren.

LAUF DER ZEIT
Die Sanduhr ist eine einfache Vorrichtung zur Zeitmessung. Mit ihrer Hilfe kann man z.B. feststellen, wie schnell Körper fallen oder wie lange es dauert, bis eine chemische Reaktion eintritt. Genauere Messungen ermöglichte erst die 1657 von Christiaan Huygens entwickelte Pendeluhr.

WECHSELBÄDER
Die ersten Experimente machten das Verhalten von Körpern unter Wärmeeinwirkung deutlich. Philon von Byzanz konstruierte um 250 v.Chr. aus einem Bleigefäß ein „Thermoskop" (griech., zur „Wärmebeobachtung" dienend). Wird das Gefäß (rechts) erhitzt, dehnt sich die Luft darin aus und steigt durch das Rohr, das in das Wasser (links) hineinreicht. Bei starker Erwärmung entweichen Luftblasen. Kühlt das Gefäß ab, zieht sich die Luft darin zusammen, und das Wasser des Glaskolbens steigt in das Rohr.

Thermoskop des Philon (Rekonstruktion)

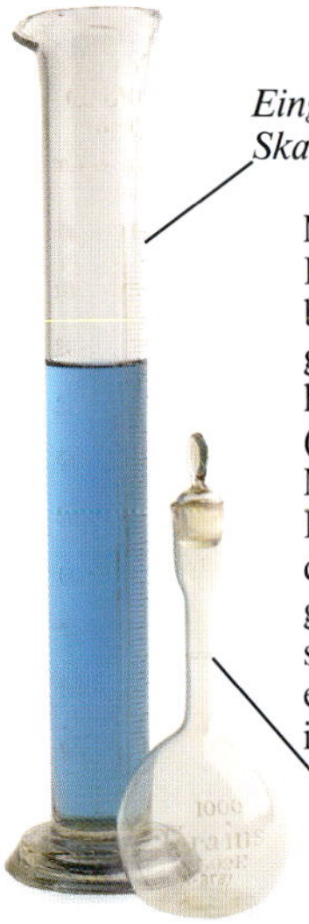

MASS NEHMEN
Bei Untersuchungen im Labor sind oft Flüssigkeitsmengen genau zu messen. Deshalb hat dieser Meßzylinder (links) eine exakte Skala mit Mengenkennzeichnungen. Der Kolben zur Bestimmung des Artgewichts (rechts) dagegen besitzt nur einen Eichstrich. Aus dem Gewicht einer Flüssigkeit kann man ihre Dichte ableiten.

KLEINE WUNDER
Seit Mitte des 16. Jh.s erschließen Mikroskope die Welt der kleinsten Dinge. Antonie van Leeuwenhoek, der Entdecker der Bakterien und roten Blutkörperchen, stellte um die Mitte des 17. Jh.s fest, daß ein einziger Tropfen Teichwasser Millionen von Mikroorganismen enthalten kann (z.B. pflanzliche oder tierische Einzeller). Dieses Mikroskop baute der Engländer Edmund Culpeper um 1728. Der Kippspiegel reflektiert Licht auf den Untersuchungsgegenstand auf der darüberliegenden Glasplatte.

Eine Totenuhr (vergrößert)

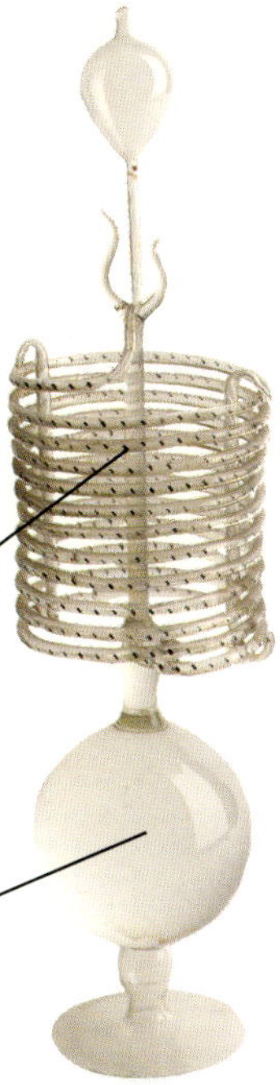

Punkte in regelmäßigen Abständen

Glaskolben mit Alkohol

GENAUGENOMMEN
Je eingehender Naturforscher die Materie untersuchten, desto genauere Meßverfahren brauchten sie. Dieses Thermometer wurde im 18. Jh. in Florenz hergestellt. Der Kolben enthält Alkohol, der sich bei Erwärmung ausdehnt und die Glasspirale „hochklettert". Das Spiralrohr ist in gleichmäßigen Abständen mit Punkten markiert.

NOVA
ATLANTIS
PER
FRANCISCUM BACONUM,
Baronem de Verulamio,
Vice-Comitem S. Albani.

VLTRAIECTI.
Apud Ioannem à VVaesberge,
Anno cIↄ Iↄ c XLIII.

WISSENSCHAFT FÜR EINE BESSERE WELT
Der englische Philosoph Francis Bacon (1561 – 1626) erhoffte sich von der Wissenschaft ein wachsendes Wohlergehen für die Menschheit. In seinem Werk *Nova Atlantis* (1626) entwirft er das Bild eines „Utopia", eines Idealstaates, regiert von Weisen, die wissenschaftliche Errungenschaften in den Dienst der zweckmäßigen Gestaltung der Gesellschaft stellen.

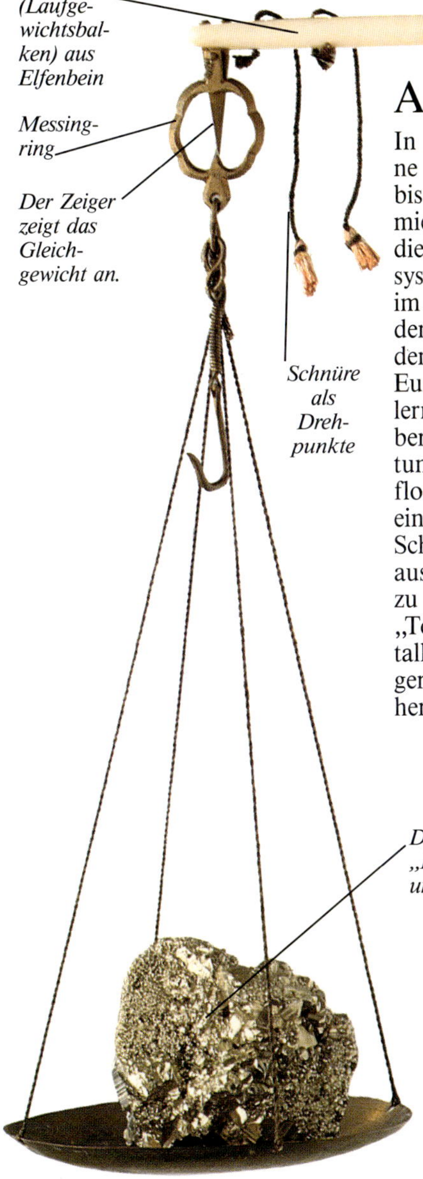

Hebel (Laufgewichtsbalken) aus Elfenbein

Messingring

Der Zeiger zeigt das Gleichgewicht an.

Schnüre als Drehpunkte

Der eisenoxid- und schwefelhaltige „Inkastein" erinnert an Gold und wird für Schmuck verwendet.

Alchimie

In der Alchimie vermischten sich oft reine Vermutungen mit Zauberei, doch bis zum Beginn der modernen Chemie Ende des 18. Jh.s untersuchten die Alchimisten die Materie auch systematisch. Die Alchimie entstand im 2./3. Jh. im griechisch sprechenden Ägypten, von wo sie sich über den östlichen Mittelmeerraum nach Europa ausbreitete. Ihr Handwerk lernten die Alchimisten z.B. in Färbereien und in der Metallverarbeitung. Die Lehre von den Elementen floß in ihre Anschauungen ebenso ein wie astrologische Theorien. Schon früh versuchten Alchimisten, aus unedlen Metallen (z.B. Blei) Gold zu gewinnen. Der Vorgang wurde als „Töten" bzw. „Wiederbeleben" der Metalle beschrieben. Auch ein lebensverlängerndes Elixier aus Pflanzenauszügen herzustellen, war Ziel der Alchimisten.

GOLDSUCHE
Alchimisten machten sich alle möglichen Instrumente und Verfahren für ihre Suche nach künstlich hergestelltem Gold zunutze. Im 19. Jh. stellte man sich ihre „Giftküche" wie auf diesem Gemälde vor.

Der Tropfer verschließt den Destillierkolben.

Tropfer und Destillierkolben

Mehrteiliges Laufgewicht

AUF DIE WAAGE GELEGT
Waagen gehören zu den wichtigsten Meßinstrumenten. Das Laufgewicht am längeren Hebel (Laufgewichtsbalken) dieser chinesischen Waage wird so lange verschoben, bis es sich mit dem Gegenstand in der Waagschale „die Waage hält". Solche Hebelwaagen sind leicht zu handhaben und relativ genau. Erst ab dem 17. Jh. erkannte man, daß ein genaues Abwiegen der Stoffe erforderlich ist, um chemische Reaktionen richtig zu verstehen.

Griechisches Bleigewicht

RAFFINIERT
Die Alchimisten verwendeten Destillierkolben, um verschiedene Stoffe, meist Flüssigkeiten, voneinander zu scheiden, zu reinigen bzw. zu „raffinieren". Beim Erhitzen im Kolben verdampft die Flüssigkeit. Der Dampf steigt nach oben und bildet beim Abkühlen einen Niederschlag, der über den Tropfer abläuft.

Feste Körper

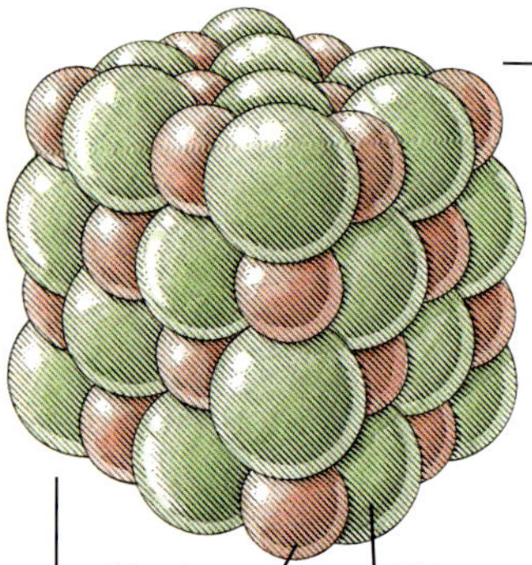

ORTSFEST
Wie bei den meisten festen Körpern bilden die Atome (S. 34–35) in diesem Kochsalzmodell einen festen Verband.

Seit den Anfängen der Naturbeobachtung werden Körper und Stoffe drei verschiedenen Zuständen zugeordnet: den Aggregatzuständen fest, flüssig (S. 18–19) und gasförmig (S. 20–21). Feste Körper haben, anders als flüssige oder gasförmige, meist eine festumrissene Gestalt. Sie zu verändern, erfordert immer einen bestimmten Kraftaufwand. Dehnt oder staucht man einen festen Körper, z.B. einen Schwamm, verändert sich sein Volumen (der Raum, den er einnimmt). Beim Erhitzen gehen die meisten Festkörper in den flüssigen Zustand über, bei noch höheren Temperaturen in den gasförmigen. Manche allerdings, so z.B. Kalkstein (S. 36–37), zerfallen zuerst beim Erhitzen. Zu den wichtigsten Festkörpern gehören Kristalle (S. 14–15) und Metalle (S. 16–17).

FESTER HALT
Messing besteht aus den Metallen Kupfer und Zink, die legiert (zusammengeschmolzen) werden (S. 16–17). Man verwendet es für die kardanische Aufhängung, die Fassung und die Pinne des Kompasses. Messing ist fest und verschleißt deshalb kaum. Messing ist auch nicht magnetisch und beeinträchtigt somit nicht den Ausschlag der Kompaßnadel.

BESONDERE QUALITÄTEN
Wie die meisten künstlichen Gegenstände besteht auch dieser Schiffskompaß aus dem 19. Jh. aus verschiedenen festen Materialien. Er wurde hier in seine Einzelteile zerlegt, um die vier beteiligten Stoffe zeigen zu können – Metall, Karton, Holz und Glas. Sie alle weisen bestimmte für den Kompaß wichtige Eigenschaften auf.

Schiffskompaß in hölzernem Schutzgehäuse

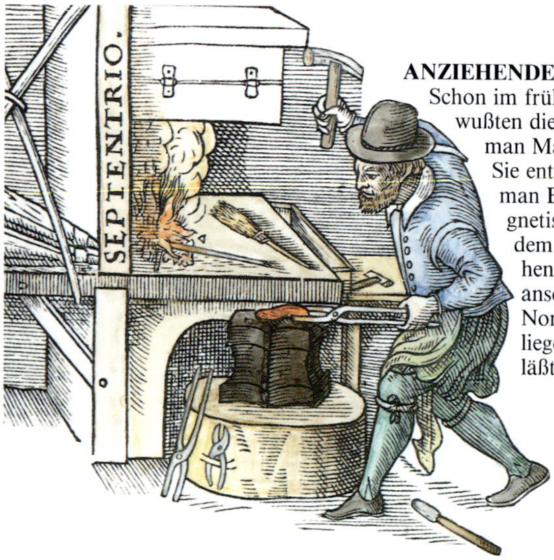

ANZIEHENDES EISEN
Schon im frühen Altertum wußten die Chinesen, wie man Magnete herstellt. Sie entdeckten, daß man Eisenstücke magnetisieren kann, indem man sie rotglühend macht und sie anschließend, in Nord-Süd-Richtung liegend, abkühlen läßt.

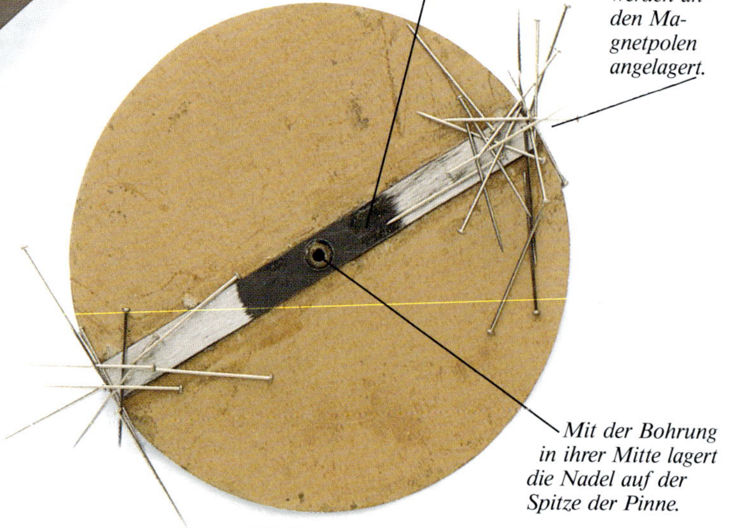

WEGWEISER
Über die Kompaßrose aus Karton bewegt sich eine Magnetnadel aus Eisen oder Magnetit, einem magnetischen Mineral. Bekanntlich ziehen sich Magnetpole an oder stoßen sich ab und reagieren auf das Magnetfeld der Erde. So stellt sich die drehbar gelagerte Kompaßnadel in Nord-Süd-Richtung ein. Diese bildet mit der Fahrtrichtung des Schiffs einen bestimmten Winkel, den man auf dem Kompaß ablesen kann.

KRAFT UND GRÖSSE

Galilei untersuchte u.a. die Festigkeit von Stoffen und fand heraus, daß es für die Größe von Landsäugetieren eine natürliche Grenze gibt. Verdoppelte sich beispielsweise das Gewicht des größten Dinosauriers, würden zwar auch seine Knochen größer und kräftiger werden, aber nicht im selben Verhältnis: die Knochen würden brechen.

HÖCHST DEHNBAR

Viele Körper nehmen nach einer Dehnung wieder ihre ursprüngliche Form an; man nennt sie elastisch. Ein Gummiband etwa läßt sich auf das Doppelte seiner Länge dehnen und schrumpft dann wieder. Manche elastische Körper haben jedoch eine Elastizitätsgrenze: Überdehnt man sie, bleiben sie „verzogen".

Die Kompaßnadel ist auf der Spitze der Pinne drehbar gelagert.

Die Messingstifte ragen in dafür vorgesehene Löcher in der kardanischen Aufhängung.

Über die Jahrhunderte verformt sich Glas.

DURCHBLICK

Die Abdeckung des Kompasses muß durchsichtig und fest sein. Dafür eignet sich am besten Glas: Es ist durchsichtig wie Wasser und gleichzeitig fest. Anders als die meisten festen Körper, die Licht schlucken, ist klares Glas lichtdurchlässig. Glas wirkt fest und hart, doch über die Jahrhunderte verformt es sich.

HOLZ: VIELSEITIGER WERKSTOFF

Der Kompaßkessel, der den eigentlichen Kompaß umgibt, muß stabil sein und seine feste Form behalten. Holz hat viele Eigenschaften, die es als Werkstoff auszeichnen. Es kann sehr fest und dauerhaft sein und ist dennoch mit Metallwerkzeugen leicht zu bearbeiten. Also kann man es wie hier leicht zu einem Kessel aushöhlen.

KLARE SICHT

Der Blick durch transparente (durchsichtige) Körper wie z.B. Uhrgläser ist klar und unverzerrt. Glaskörper können jedoch so zu Linsen geschliffen werden, daß sie Gegenstände auch verkleinern oder vergrößern, so z.B. bei Brillengläsern.

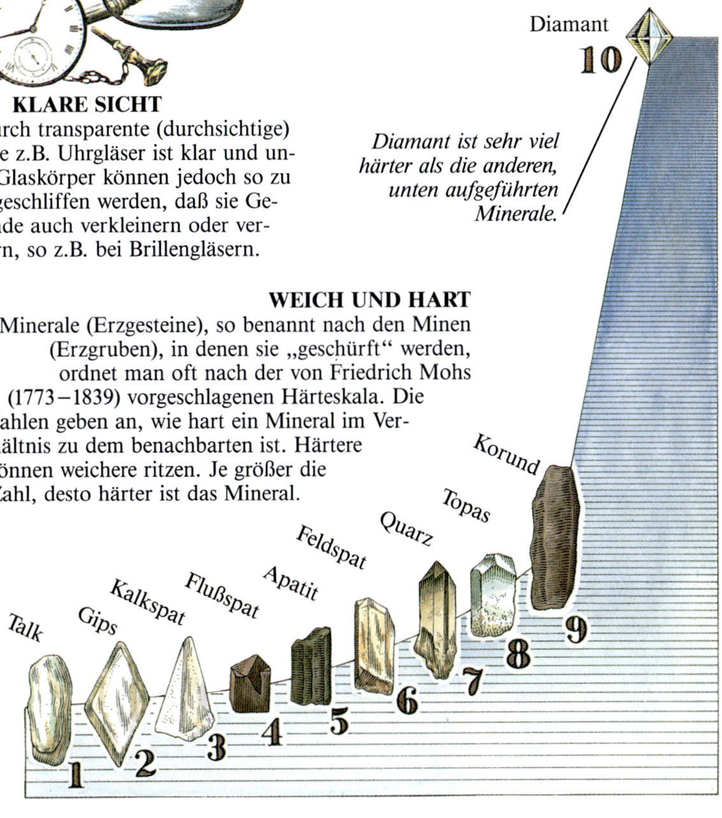

Diamant ist sehr viel härter als die anderen, unten aufgeführten Minerale.

WEICH UND HART

Minerale (Erzgesteine), so benannt nach den Minen (Erzgruben), in denen sie „geschürft" werden, ordnet man oft nach der von Friedrich Mohs (1773–1839) vorgeschlagenen Härteskala. Die Zahlen geben an, wie hart ein Mineral im Verhältnis zu dem benachbarten ist. Härtere können weichere ritzen. Je größer die Zahl, desto härter ist das Mineral.

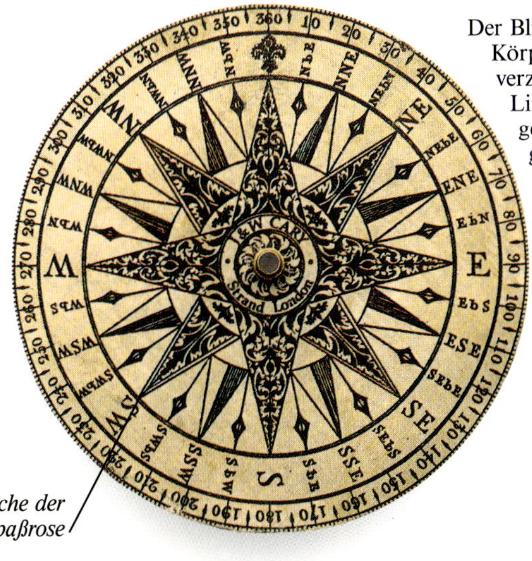

Steuerstriche der Kompaßrose

DIE ROSE WEIST DEN WEG

Die Steuerstriche der Kompaßrose werden auf Karton oder festes Papier gezeichnet. Papier besteht aus fein zerriebenen Pflanzenfasern, Stoff- und Papierresten, die man verfilzt und verleimt und dann zu einer dünnen, glatten Schicht preßt. In die Faserzwischenräume kann Tinte oder Druckerschwärze eindringen.

Die Welt der Kristalle

SECHS GESTALTEN
René Just Haüy (1743–1822) wies als einer der ersten nach, daß man die Kristallgestalten in sechs Systeme bzw. geometrische Klassen gliedern kann, und zeigte, wie Kristalle durch Anlagern gleichgeordneter Gebilde „wachsen“.

Von alters her bewundern die Menschen Kristalle, die oft als Schmucksteine einen besonderen Zauber haben. Bei aller Vielfalt der Kristalle sind bestimmte Grundmuster erkennbar, bedingt durch die regelmäßige, immer wiederkehrende dreidimensionale Anordnung der Atome und Moleküle (S. 34–35); sie lassen sich sechs verschiedenen Systemen zuordnen. Der Blick durch leistungsstarke Mikroskope zeigt, daß auch unregelmäßig geformte Feststoffe kristallin aufgebaut sind, z.B. Tropfsteine und die meisten Metalle. Viele Kristalle werden industriell genutzt und können im Labor erzeugt werden, etwa Quarz für Uhren oder Silizium für Computerchips.

STETER TROPFEN BILDET STEIN
Die säulenförmigen Gebilde in Tropfsteinhöhlen entstehen durch herabsickernde Wassertropfen, in denen Kalkspat gelöst ist. Verdunstet das Wasser, lagert sich der Kalkspat in regelmäßigen Kristallstrukturen ab.

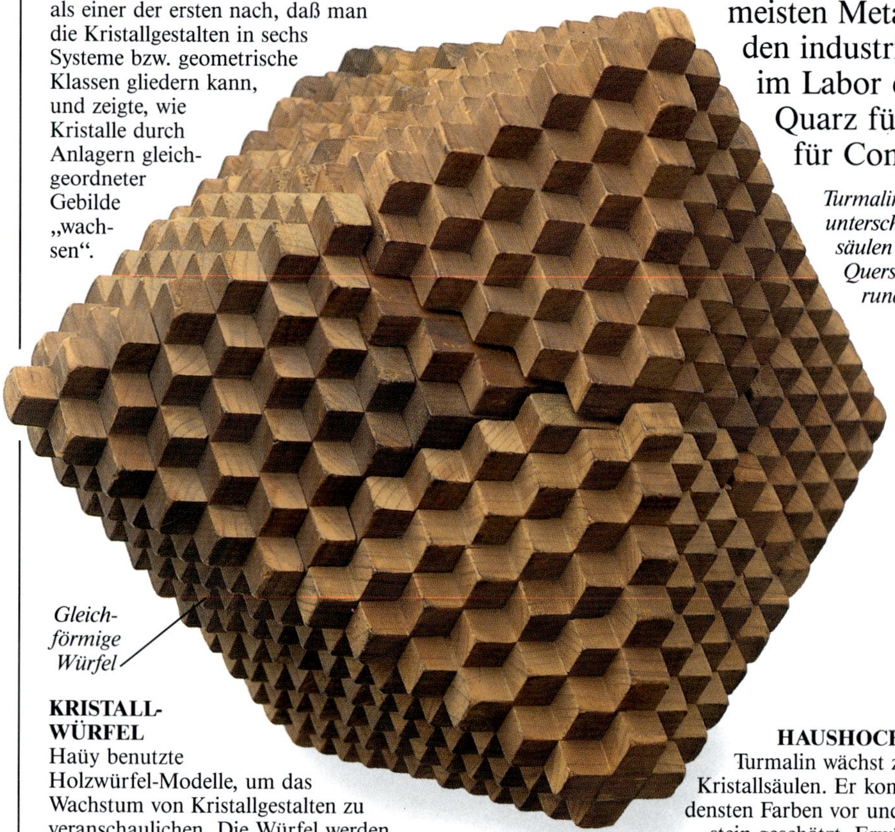

Gleichförmige Würfel

KRISTALLWÜRFEL
Haüy benutzte Holzwürfel-Modelle, um das Wachstum von Kristallgestalten zu veranschaulichen. Die Würfel werden hier zu quadratischen Schichten angeordnet und übereinandergeschichtet, wobei jede Schicht durch einen zusätzlichen „Rand“ größer als die darunterliegende ist.

Turmalin bildet meist unterschiedlich dicke Kristallsäulen mit dreieckigem Querschnitt und abgerundeten Kanten.

HAUSHOCH UND GELADEN
Turmalin wächst zu bis zu 3 m hohen Kristallsäulen. Er kommt in den verschiedensten Farben vor und wird als Schmuckstein geschätzt. Erwärmt man das eine Ende eines Turmalinkristalls, wird es elektrisch positiv geladen, das andere negativ.

KRISTALLWELTEN
Kristalle sind oft ein Symbol der Vollkommenheit und Macht, etwa in der phantastischen Kristallstadt in dem Film *Das zauberhafte Land* von 1939.

Außen kühlte dieser Klumpen Wismut rasch ab und bildete mikroskopisch kleine Kristalle.

Größere Kristallgebilde entstanden, wo das Metall langsam abkühlte.

KÄSTCHEN IN DER DRUSE
In dieser Druse (Gesteinshohlraum) haben sich winzige „Nester“ kästchenförmiger Wismutkristalle gebildet, als das Metall langsam abkühlte.

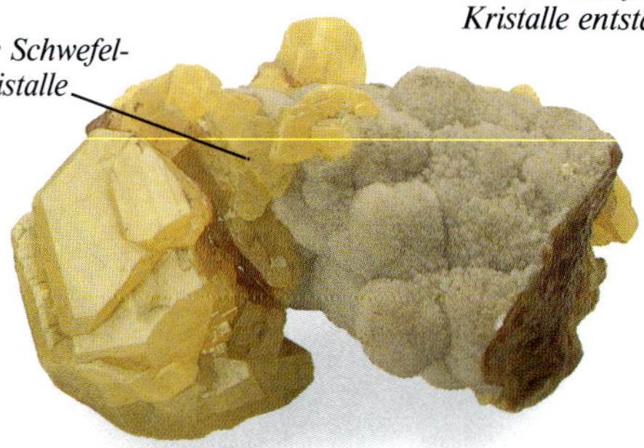

Gelbe Schwefelkristalle

VIELSEITIGER SCHWEFEL
Schwefel kommt in mehreren festen, flüssigen und gasförmigen Zustandsformen vor. Bei normaler Temperatur ist er gelb und spröde.

Wo die Legierung langsam abkühlte, sind nadelförmige Kristalle entstanden.

Außen ist die Legierung rasch abgekühlt und hat kaum Kristalle gebildet.

METALLENE MISCHUNG
Die dünnen, nadelförmigen Kristalle (oben) sind eine Legierung (S. 16–17) aus Kupfer und Aluminium.

Aragonit bildet oft Doppelpyramiden, die an der Grundfläche „zusammengewachsen" sind.

KRISTALLBLÜTEN
Aragonitkristalle findet man oft in Kalksteinhöhlen und an heißen Quellen, wo Aragonit durch Ablagerung aus dem Wasser Sinter (poröses Gestein) bildet. Er kommt in zahlreichen Formen und Farben vor.

ATOMEIER
In diesem Modell stellt Wollaston die Kristallatome eiförmig dar. Jedes Atom ist von sechs anderen umgeben, wodurch eine stabile waagerechte Schicht entsteht.

KLARHEIT BEI KRISTALLEN
Wichtige Beiträge zur Kristallographie (Wissenschaft von den Kristallen) lieferte der Brite William Hyde Wollaston (1766–1828.) Er erkannte z.B., daß Kristallwürfel nicht unbedingt aus Würfeln bestehen müssen. Atome anderer Gestalt, wie die hier gezeigten Holzmodelle, können genausogut Würfel bilden. Heute weiß man, daß Atome sich zu sehr komplizierten Gebilden verbinden können.

LOSER VERBAND
Sind die Atome eines Kristalls kugelförmig, so Wollaston, dann lagern sich andere Atome ringsherum an. Dadurch bilden sie nicht solche starken Schichten wie bei den anderen hier gezeigten Formen.

PLATTE ATOME
Abgeflachte Atome, folgerte Wollaston, verbinden sich am stabilsten dort, wo ihre flachen „Seiten" aufeinanderliegen. So entstünden Säulen oder Fasern.

Klümpchen von Azuritkristallen

BLAU MUSS ES SEIN
Azurit ist ein Kupfermineral mit Blauton, daher die Bezeichnung „azurblau". Früher wurde es zu Pulver verrieben und zum Färben benutzt. Geschliffen, mit glattpolierten Flächen in einer bestimmten Anordnung dient es als Schmuckstein.

FLÜSSIGKRISTALLE – MARSCH!
Es gibt auch flüssige Kristalle. Sie bestehen aus langgestreckten Molekülen. In elektrischen oder magnetischen Feldern richten sich die Flüssigkristalle aus und werden trübe. Diese Eigenschaft macht man sich für die LCD oder Flüssigkristallanzeige zunutze, wie sie von Digitaluhren, Taschenrechnern oder Laptop-Computern bekannt ist. Die einzelnen Segmente (Teile) der Zeichen ändern durch das elektrische Feld ihre Lichtbrechung und erscheinen so hell oder dunkel. Die abgebildeten Flüssigkristalle wurden mit einem Elektronenmikroskop sichtbar gemacht.

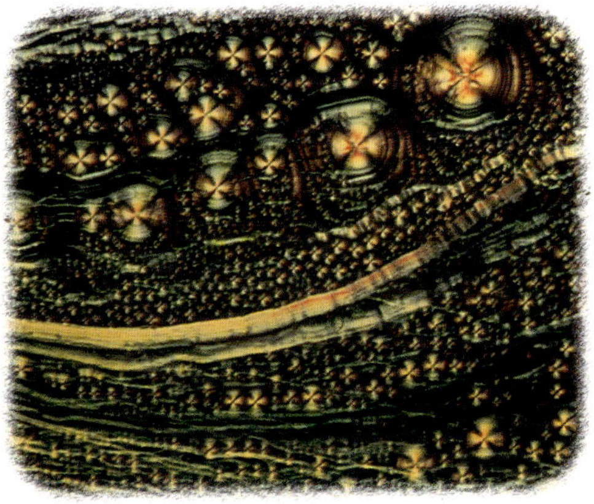

BUCHSTABENZIERDE
Das Edelmetall Gold ist sehr widerstandsfähig gegen chemische Einflüsse. Es läßt sich zu Blattgold aushämmern bzw. ausziehen, das z.B. in der Buchmalerei für Schmuckbuchstaben verwendet wurde.

Metalle und Legierungen

Die am häufigsten verwendeten Metalle sind Eisen, Stahl und Aluminium. Eisen und Aluminium, beides chemische Elemente (S. 32–33), sind Reinmetalle, Stahl ist eine Mischung aus Eisen und Kohlenstoff. Eine solche Legierung, entweder eines Metalls mit einem Nichtmetall oder zweier Metalle, hat verbesserte Eigenschaften: Sie ist oft fester oder leichter zu verarbeiten. Die meisten Metalle kommen in Form von Erzen im Gestein vor, oft verbunden mit anderen Elementen wie Sauerstoff oder Schwefel. Durch Erhitzen trennt man die Bestandteile voneinander, um das Reinmetall zu erschmelzen. Es ist nicht mehr spröde und läßt sich durch Schmieden, Walzen oder Ziehen formen. Gewöhnlich sind Reinmetalle gute Leiter für Wärme und Elektrizität.

Zu der „pickeligen“ Oberfläche kam es durch Hitzeeinwirkung während des Falls.

Rost entsteht durch die Verbindung von Eisen mit Sauerstoff.

HIMMLISCHE METALLE
Sehr reines Eisen findet man in bestimmten Meteoriten – Kleinkörpern aus dem All, die beim Eintritt in die Erdatmosphäre durch die Reibung der Luft stark erhitzt werden, aber nicht ganz verglühen.

SCHARFE KLINGEN
Bronze wurde wahrscheinlich erstmals von den Hethitern im 3. Jh. v. Chr. verwendet und gelangte später nach Europa. Die Legierung aus Kupfer und Zinn ist sehr hart und eignete sich für Äxte, Dolche, Schwerter und Schermesser.

Klinge aus geschmiedeter Bronze

Altägyptisches Rasiermesser

Bronzegriff

HARTE WORTE
Aluminium ist das häufigste Metall der Erdkruste. 1809 entdeckt, ist es heute nach Eisen das wichtigste Gebrauchsmetall. Anfangs wurde es u.a. für Schmuck und Scherzartikel wie diese Postkarte verwendet. Da es sehr leicht ist, spielt es im Flugzeugbau eine wichtige Rolle.

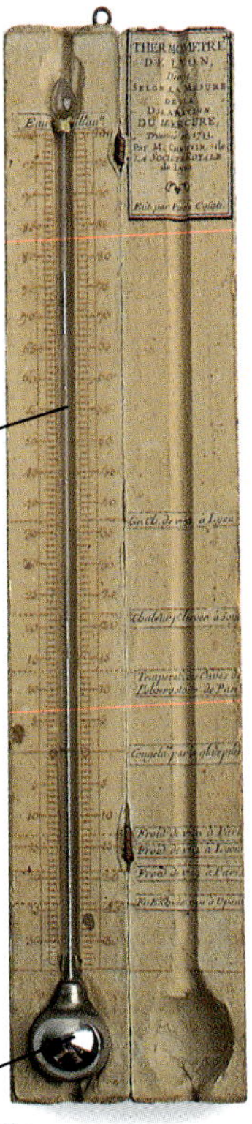

Quecksilber dehnt sich bei Erwärmung stark aus: Die Quecksilbersäule klettert.

Quecksilber im Fühlerkolben

FLÜSSIGES METALL
Das Metall Quecksilber ist bei normalen Temperaturen flüssig. Bei Erwärmung dehnt es sich stark aus. Aufgrund dieser Eigenschaft war es lange Zeit als Meßflüssigkeit bei der Temperaturmessung vorherrschend. Abgebildet ist ein Thermometer aus dem 18. Jh.

Henry Bessemer

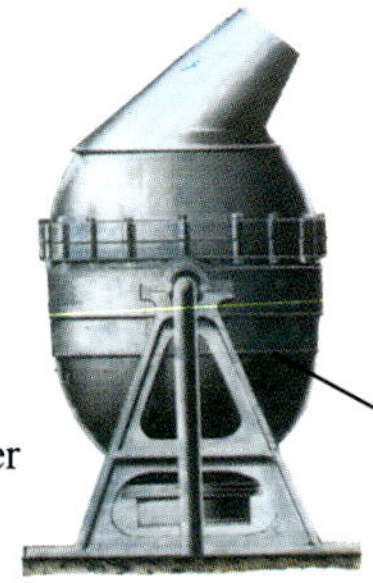

Konverter („Birne“)

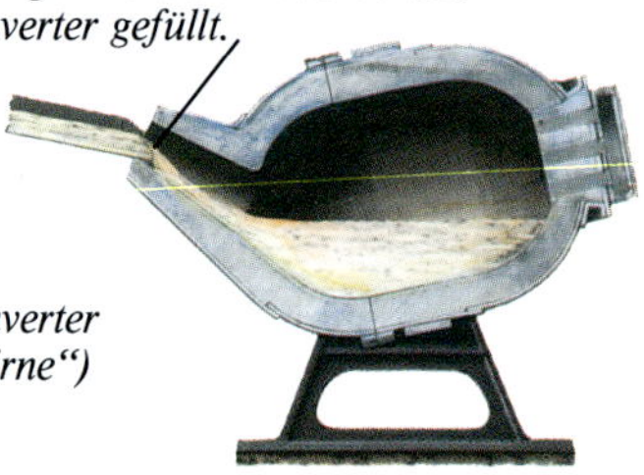

Flüssiges Roheisen wird in den Konverter gefüllt.

Luft wird eingeblasen, der Kohlenstoff verbrennt.

Der Rohstahl fließt in die Pfanne.

EIN MANN DES STAHLS
Henry Bessemer (1813–1898) trug mit seinem Konverter wesentlich zur Verbesserung der Stahlerzeugung bei (ähnliche Verfahren entwickelten Thomas und Siemens/Martin). Die im Hochofen durch Erhitzen von Eisenerz entstehende Schmelze (das Roheisen) wurde in einen Konverter gegossen und mit Luft durchblasen. Dadurch verbrannte der noch im Eisen enthaltene Kohlenstoff (S. 40–41) des Kokses, andere Verunreinigungen wurden entfernt. Zurück blieb flüssiger Rohstahl, der nach dem Abstich (Kippen des Konverters) in der Pfanne mit anderen Stoffen oder Metallen vermischt (legiert) wurde, um besondere Qualitäten zu erzielen. Diese Grundzüge bestimmen heute noch die Stahlerzeugung.

GLOCKENKLANG

Legierungen wie die Glockenbronze (80% Kupfer, 20% Zinn) sind für Glocken gut geeignet, denn sie sorgen dafür, daß diese lange nachklingen. Gegossene Bronzeglocken sind seit dem 9. Jh. v. Chr. in Vorderasien nachweisbar. Große Glocken müssen nach dem Guß sehr langsam abkühlen, um Risse (Bild) zu vermeiden. Die größte Glocke der Welt, „Zar Kolokol" (200 t), beherbergt heute der Moskauer Kreml. Deutschlands älteste Glocke ist die Lullusglocke (1059) in Bad Hersfeld.

ALLES GOLD, WAS GLÄNZT?

Früher bestimmten Goldschmiede den Feingehalt (Reinheit) des Goldes mit Hilfe eines Prüfsteins aus schwarzem Kieselschiefer: Sie rieben das Gold über den Stein (Strichprobe) und verglichen die entstandenen Reibspuren mit den Goldmustern auf sternförmigen Trägern.

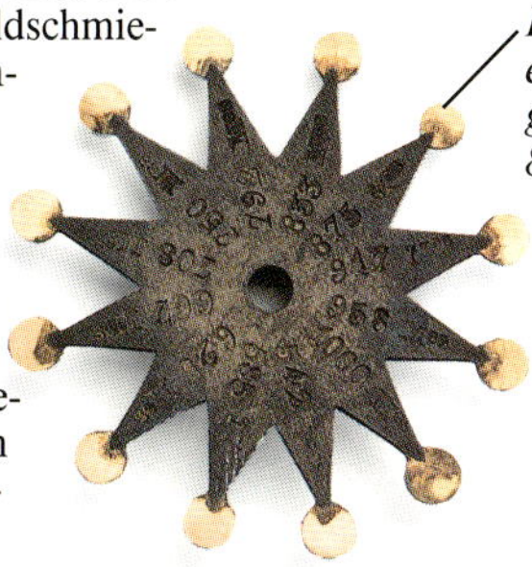

Dieses Muster hat einen Gold-Feingehalt von 875 (d.h. 875 Teile Gold auf 1000 Teile Legierung).

Dieses Muster hat einen Gold-Feingehalt von 125.

Bei der Strichprobe entstandene Streifen auf dem Prüfstein

METALLENE TAUSENDSASSAS

Für diese alte Taschenuhr wurden zahlreiche Metalle verwendet. Federn, Kette und Zahnräder – die Teile, die am ehesten verschleißen – sind aus Stahl. Das Gehäuse besteht aus Messing, das etwas weniger fest ist als Stahl. Um ihm ein edles Aussehen zu geben, wurde es vergoldet (mit einer Goldauflage versehen).

Verdrillte Stahlkabel

VERSTÄNDIGUNG UNTER WASSER

Das erste Seetelegrafenkabel wurde 1857/58 auf dem Grund des Atlantiks zwischen Irland und Neufundland verlegt. Der Mantel solcher Unterwasserkabel bestand aus miteinander verflochtenen Stahldrähten, die selbst im salzigen Meerwasser, das Metalle rasch angreift, nicht rosteten.

Querschnitt durch ein Transatlantik-Kabel

Kautschukähnliches Guttapercha isoliert die Stromkabel.

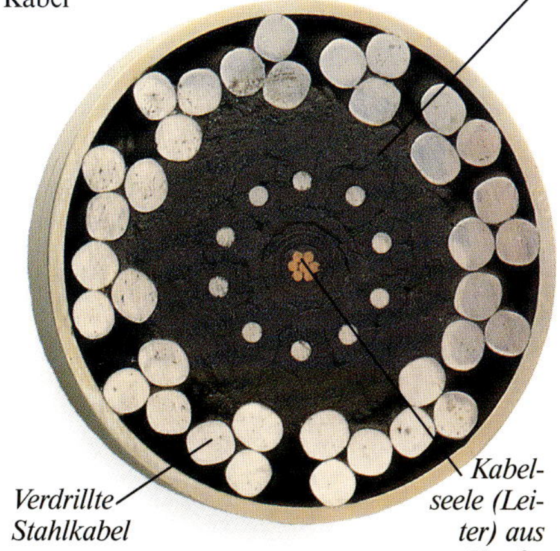

Verdrillte Stahlkabel

Kabelseele (Leiter) aus Kupfer

MEERES-STRÖME

Die Seele aus sieben Litzen („Adern") im Zentrum des Unterwasserkabels besteht aus Kupfer, das sich für solche Kabel besonders gut eignet: Es ist ein guter Elektrizitätsleiter und läßt sich leicht zu Drähten ausziehen.

Flüssigkeiten und ihre Eigenschaften

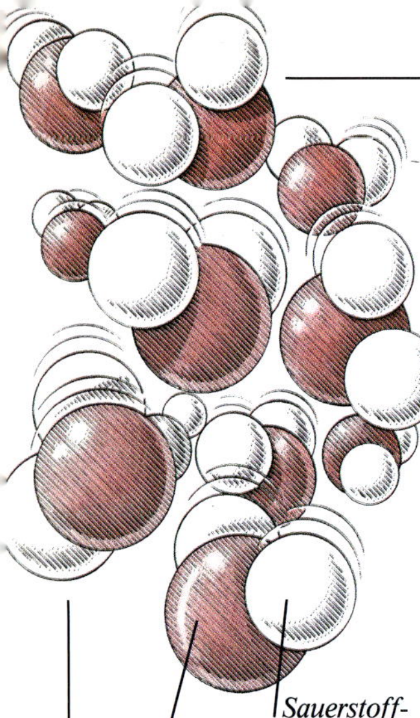

BEWEGLICH
Die kleinsten Bausteine des Wassers sind Moleküle aus einem Sauerstoff- und zwei Wasserstoffatomen. Zwischen den Molekülen herrschen nur schwache Anziehungskräfte, und so sind sie sehr beweglich und verschieben sich leicht gegeneinander.

Nach der alten griechischen Lehre von den vier Elementen enthalten alle Flüssigkeiten einen großen Anteil Wasser (S. 8–9). Die Griechen entwickelten auch die Vorstellung vom Atom (S. 34–35) als dem kleinsten Baustein der Stoffe. Sie erkannten bereits, daß sich Atome in Flüssigkeiten gegeneinander verschieben, weshalb diese die Form ihres Gefäßes annehmen können. Da die Atome von Flüssigkeiten, anders als die von Festkörpern, keinen starren Verband bilden, pflanzt sich Druck gleichmäßig nach allen Seiten fort. Beim Erhitzen jedoch wächst der Abstand der Atome zueinander – die Flüssigkeit dehnt sich aus. Umgekehrt zieht sie sich beim Abkühlen wieder zusammen. Flüssigkeiten können feste Stoffe (aber auch Gase und andere Flüssigkeiten) lösen. Salz etwa zerfällt im Wasser in seine Bausteine aus Natrium- und Chloratomen (S. 50–51), genauer: in Ionen, die sich im Wasser verteilen. Es entsteht eine Salzwasserlösung (S. 26–27).

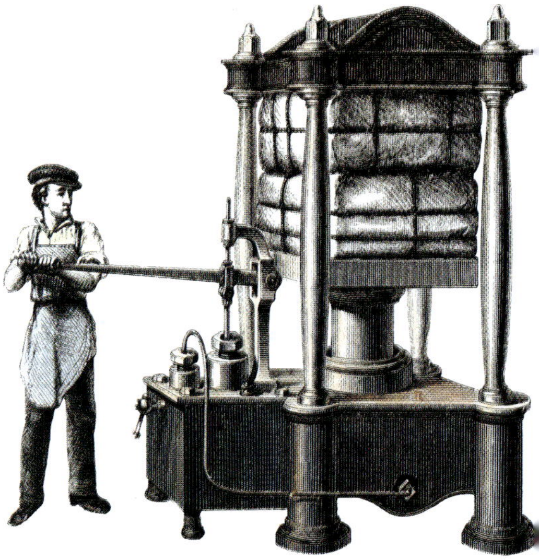

HYDRAULISCHER DRUCK
In Flüssigkeiten pflanzt sich Druck nach allen Richtungen hin gleichmäßig fort, denn die beweglichen Moleküle lassen sich leicht gegeneinander verschieben. Dieses Prinzip macht man sich bei hydraulischen Pressen zunutze, die den z.B. von Menschen ausgeübten Druck vervielfachen.

Honig, eine langsam fließende Flüssigkeit

SCHNECKENTEMPO
Manche Flüssigkeiten sind „flüssiger“ als andere: sie fließen schneller. Die „langsameren“ wie etwa Honig nennt man viskos (zähflüssig). Noch zähflüssiger ist Pech, das z.B. für die Teerpappe der Dachdecker verwendet wird.

Meniskus

Waagerechte Oberfläche

Gase werden durch die sie umgebende Flüssigkeit zu mehr oder weniger runden Blasen geformt.

ÜBER DEN RAND GESCHAUT
Die Oberfläche von Flüssigkeiten ist waagerecht; nur zum Rand des Gefäßes hin ist sie gekrümmt. Man sagt, sie bildet dort einen Meniskus. Er kann wie hier nach oben, aber auch nach unten gekrümmt sein.

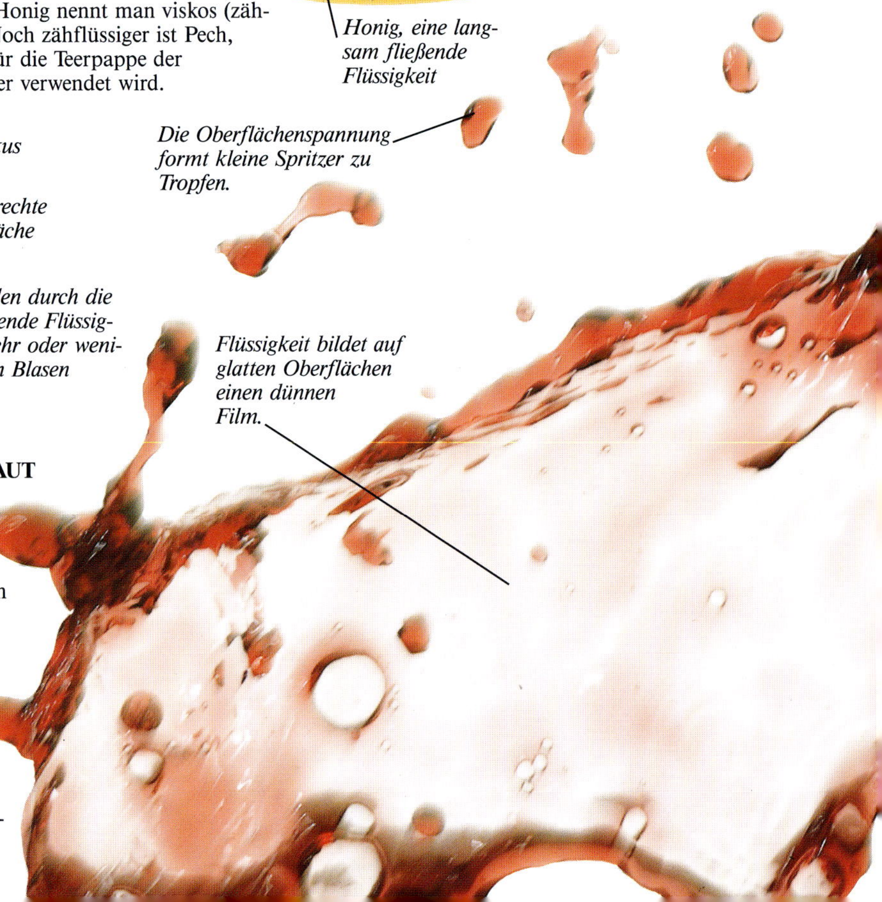

Die Oberflächenspannung formt kleine Spritzer zu Tropfen.

Flüssigkeit bildet auf glatten Oberflächen einen dünnen Film.

AUSGEWASCHEN

Mit der Zeit kann fließendes Wasser die Erdoberfläche zerfurchen, ja sogar Gestein abtragen. Die Wirkung verstärkt sich, wenn das Wasser feste, scheuernde Teilchen wie Sand mitführt. Weicher Sandstein z.B. kann diesem Erosion genannten Vorgang kaum widerstehen. Dieser Cañon in Arizona wurde über 10.000 Jahre von heftigen Regengüssen ausgewaschen.

AUFTRIEB

Taucht man einen festen Körper (z.B. ein Boot) in eine Flüssigkeit, „schiebt“ er diese gleichmäßig nach allen Seiten fort. Die verdrängte Flüssigkeitsmenge ist jedoch bestrebt, den früheren Raum wieder einzunehmen, und drückt mit ihrem Gewicht gegen den Körper. So erfährt der Körper einen Auftrieb, der dem Gewicht der verdrängten Flüssigkeitsmenge entspricht.

NATURGEWALTIGE FLÜSSIGKEITEN

Tsunamis (durch Seebeben verursachte Flutwellen) können ganze Küstendörfer wegspülen. Langsam strömende Flüssigkeiten dagegen fließen um Hindernisse herum, da sich Flüssigkeitsmoleküle leicht verschieben lassen. Dennoch kann man ihre Anziehungskraft erkennen – an der Oberflächenspannung: die „obersten“ Moleküle werden nur von den seitlichen und unteren Molekülen angezogen. Deshalb sind Tropfen auf Flächen gewölbt und kleine Tropfen sogar kugelförmig.

WASSER AUF DIE MÜHLEN

Die Kraft strömender Gewässer nutzten schon die Römer des 1. Jh.s v.Chr. mit Hilfe von Wassermühlen, deren Schaufelräder vom Wasser gedreht wurden. In größerem Maßstab setzte man Wassermühlen erst mit Beginn der industriellen Revolution ein. Heute nutzen gewaltige Kraftwerke die Wasserkraft von Stauseen, um mit Hilfe von Turbinen Strom zu erzeugen.

ÜBERLAUFEN

Zwischen Flüssigkeitsmolekülen wirken nur schwache Anziehungskräfte. Sie erzeugen dennoch eine Oberflächenspannung, die z.B. eine eiserne Nadel auf dem Wasser schwimmen läßt. Ihre Wirkung sieht man hier am Rotwein: Die Oberflächenspannung verhindert, daß er überläuft.

WASSERLÄUFER

Insekten wie der Wasserläufer nutzen die Oberflächenspannung des Wassers, um sich über Tümpel und Teiche zu bewegen.

Gase und ihre Eigenschaften

In der griechischen Lehre von den vier Elementen war die Luft eines davon. Die Griechen hatten erkannt, daß Luft nicht nichts ist, sondern z.B. Düfte trägt, weil sich in ihr winzige Teilchen (Duftstoffe) bewegen, und daß sich Reif durch den Niederschlag von unsichtbarem Wasserdampf bildet. Man beobachtete, daß der Wind Bäume biegen kann und daß Wasser, bläst man Luft hinein, aufschäumt. All dies führte man auf das Vorhandensein ein und desselben Elements Luft (S. 8–9) zurück. Die Luft besaß für die Griechen die Eigenschaft der Leichtigkeit (die Neigung, nach oben zu steigen). Im 17. Jahrhundert konnte Evangelista Torricelli jedoch beweisen, daß Luft wie feste und flüssige Körper ein Gewicht hat. Im folgenden Jahrhundert wiesen Chemiker nach, daß Luft ein Gemisch verschiedener Gase ist. Man entdeckte „neue“ Gase, die z.B. bei chemischen Reaktionen freigesetzt wurden. Das neue Wissen wurde bald praktisch angewandt; so nutzte man z.B. das aus Kohle gewonnene Gas zur Erzeugung von Wärme und Licht.

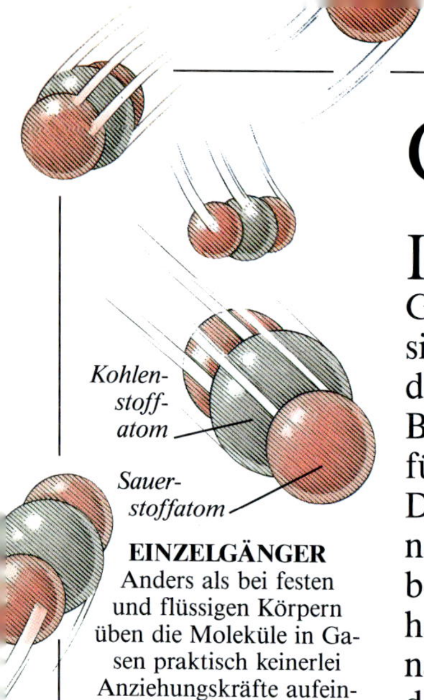

EINZELGÄNGER
Anders als bei festen und flüssigen Körpern üben die Moleküle in Gasen praktisch keinerlei Anziehungskräfte aufeinander aus. Sie sind frei beweglich. In unserem Beispiel bilden zwei Sauerstoff- und ein Kohlenstoffatom das Molekül des Kohlendioxids.

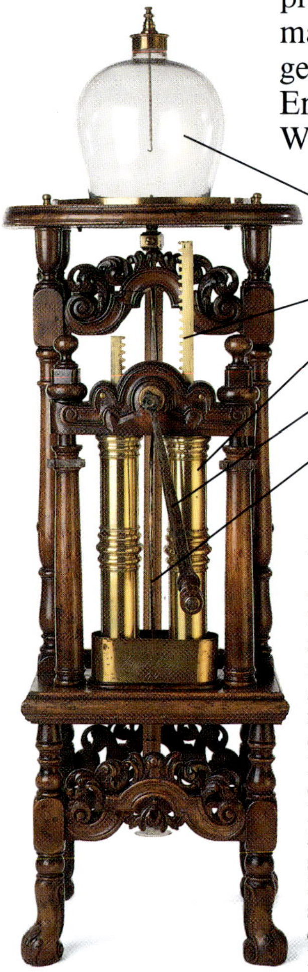

LUFTLEERER RAUM
1656 führte Otto von Guericke (1602–1686) ein berühmt gewordenes Experiment vor: Zwei große kupferne Halbkugeln wurden zu einer Hohlkugel zusammengesetzt (verbunden nur durch einen eingefetteten Lederriemen) und mit Hilfe der von ihm erfundenen Luftpumpe leergepumpt. Zwei Pferdegespanne schafften es nicht, die Halbkugeln voneinander zu lösen. So wies von Guericke den Druck der umgebenden Luft nach. Links eine von dem Engländer Francis Hauksbee (1666–1713) entwickelte Luftpumpe.

BEFREITER SAUERSTOFF
Viele feste Körper setzen Gase frei, wenn man sie erhitzt. Die Kristalle des Kaliumpermanganats sind aus Kalium-, Mangan- und Sauerstoffatomen aufgebaut. Beim Erhitzen zerfallen die Kristalle und geben Sauerstoff ab. Als freies Gas nimmt Sauerstoff viel mehr Raum ein als in der Verbindung des Festkörpers und entweicht durch das Rohr. Da Sauerstoff leichter und weniger dicht als Wasser ist, steigen im Glasgefäß Blasen auf.

WETTERFROSCH
Das Barometer zeigt Luftdruckänderungen an. Dieses frühe, von Evangelista Torricelli (1608–1647) entwickelte Barometer bestand aus einem quecksilbergefüllten Glasrohr, dessen offenes Ende in einen Bottich gestellt wurde. Die Quecksilbersäule fiel, bis zwischen ihr und dem auf das ausgelaufene Quecksilber im Bottich wirkenden Luftdruck Gleichgewicht herrschte.

WERTVOLLE SAMMLUNG
Diese Geräte benutzte Joseph Priestley (1733–1804) zur Untersuchung von Gasen. Die Gase stiegen als Blasen im Wasser auf und wurden in den Glasgefäßen aufgefangen.

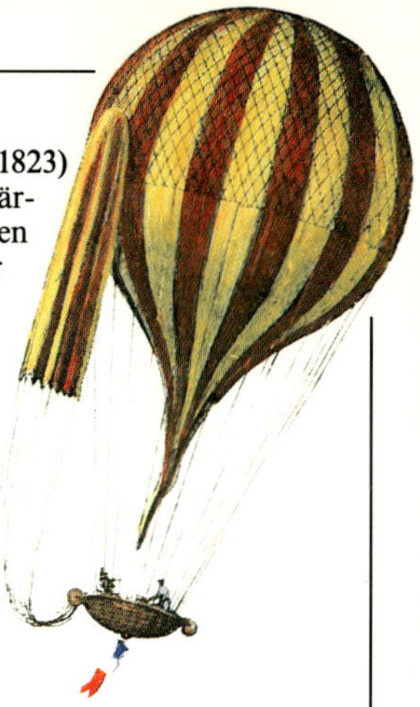

ÜBERFLIEGER
Jacques Charles (1746–1823) stellte das Gesetz der Wärmeausdehnung von Gasen (S. 39) auf. 1783 stieg er mit einem von ihm erfundenen wasserstoffgefüllten Luftballon auf. Wasserstoff ist sehr leicht, aber auch brennbar. Dennoch wurde er bis in die 30er Jahre für Luftschiffe verwendet.

GASMANN
1775 entdeckte Priestley (unabhängig von C. W. Scheele) bei seinen Versuchen mit Quecksilberoxid den Sauerstoff. Er stellte fest, daß dieses Gas sowohl für das Atmen als auch für Verbrennungsprozesse wichtig ist. Außerdem kam er u.a. dem Ammoniakgas und dem Kohlenmonoxid auf die Spur.

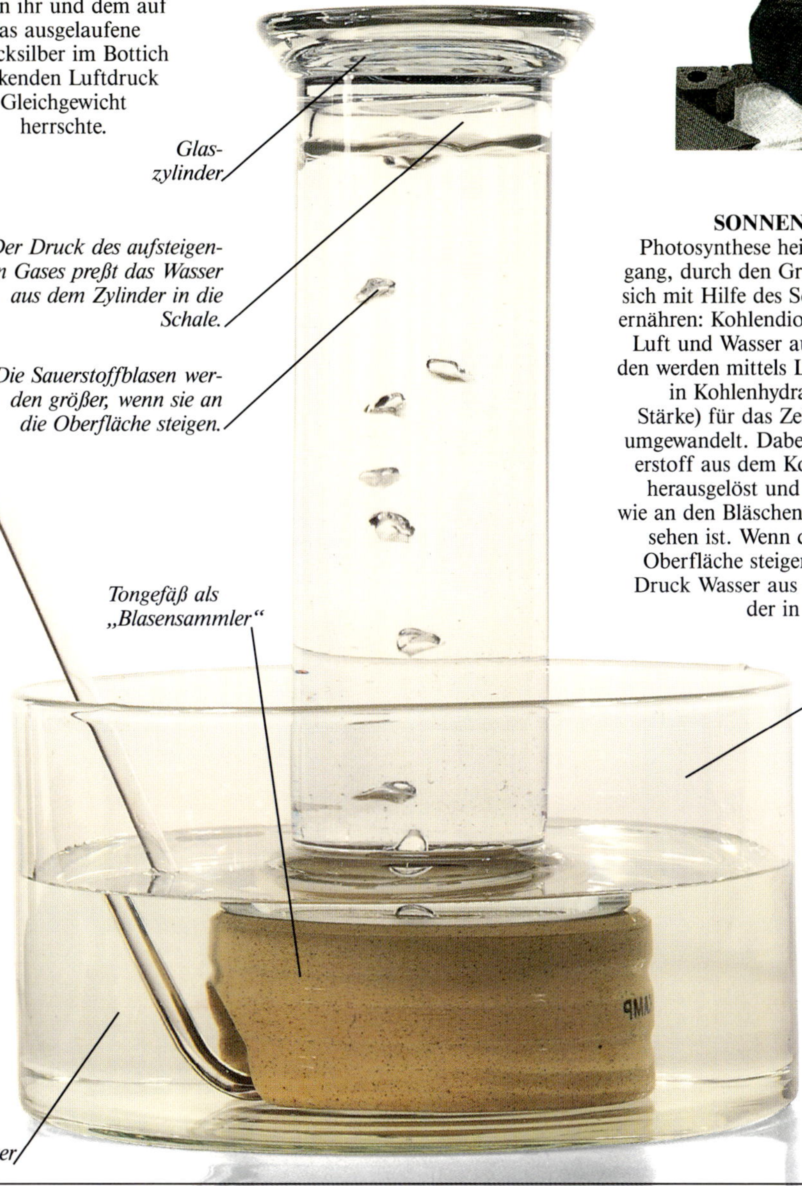

SONNENENERGIE
Photosynthese heißt der Vorgang, durch den Grünpflanzen sich mit Hilfe des Sonnenlichts ernähren: Kohlendioxid aus der Luft und Wasser aus dem Boden werden mittels Lichtenergie in Kohlenhydrate (Zucker, Stärke) für das Zellwachstum umgewandelt. Dabei wird Sauerstoff aus dem Kohlendioxid herausgelöst und freigesetzt, wie an den Bläschen (rechts) zu sehen ist. Wenn diese an die Oberfläche steigen, preßt ihr Druck Wasser aus dem Zylinder in die Schale.

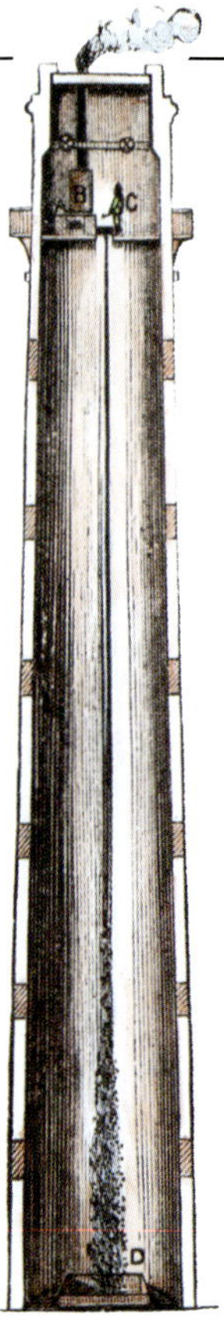

Wenn Zustände sich ändern

Körper kommen in drei Aggregatzuständen (Zustandsformen) vor: fest, flüssig und gasförmig. „Aggregat“ bedeutet hier, daß die Bausteine der Stoffe sich untereinander durch mehr oder weniger starke Kräfte anziehen. Bei festen Körpern sind sie am stärksten – die Teilchen bewegen sich nur wenig. Durch Erhitzen können Festkörper jedoch in einen anderen Zustand überführt werden: Erwärmt man sie über den Schmelz- oder Gefrierpunkt (z.B. Eis), bewegen sich die Teilchen heftiger – der Festkörper wird flüssig. Erhitzt man Flüssigkeiten über ihren Siede- oder Kochpunkt hinaus, fliegen die Atome bzw. Moleküle regellos durcheinander – der gasförmige Zustand ist erreicht. Den Schmelz- und Siedepunkt kann man beeinflussen. So setzt Salz den Schmelzpunkt von Eis herab und erhöht den Siedepunkt von Wasser. Verminderter Luftdruck dagegen senkt ihn.

KUGELREGEN
Schrot (Bleikügelchen, die als Schießmaterial dienen) wurde früher in einer Art „Schrotturm“ hergestellt: Man ließ flüssiges Blei von oben hinuntertropfen, so daß die Tropfen sich zu Kugeln formten, die beim Erkalten erstarrten („Granulieren“).

EINSCHNEIDENDE WIRKUNG
Wo ein Draht Druck auf einen Eisblock ausübt, sinkt der Schmelzpunkt des Eises. Das Eis schmilzt, und der Draht hinterläßt einen Einschnitt, der jedoch bald wieder zufriert.

REICHTUM DES WISSENS
John Tyndall (1820–1893) untersuchte, wie Wärme Aggregatzustände verändert. Er arbeitete außerdem auf zahlreichen anderen Gebieten, z.B. der Entstehung von Leben und der Erklärung der Himmelsfarben.

Die Pumpe saugt die Luft aus dem großen Kolben ab.

Die Absperrhähne werden geöffnet, damit die Luft aus dem kleinen in den großen Kolben strömen kann.

DRUCKMINDERUNG
In diesem Versuch von Tyndall hat das Wasser eine Temperatur, bei der es normalerweise nicht kocht. Senkt man den Luftdruck, ist der Siedepunkt herabgesetzt.

In diesem Kolben ist Wasser.

Ein Bunsenbrenner ist die Wärmequelle.

Die Luft in diesem Kolben wird fast vollständig verdrängt.

VON FEST ZU GASFÖRMIG
Unten ist dargestellt, wie aus einem Festkörper (hier Eis) durch Erwärmen über den Schmelzpunkt zunächst ein flüssiger Körper (Wasser) und durch weiteres Erhitzen über den Siedepunkt ein Gas (Wasserdampf) entsteht.

1 FEST
Wasser kann, wie viele andere Stoffe, den festen, flüssigen und gasförmigen Zustand annehmen. Es wird zu Eis, wenn seine Temperatur unter den Gefrierpunkt sinkt. Es ist dann starr, aber chemisch nach wie vor Wasser.

Jedes Eisstück hat eine bestimmte Gestalt.

DRUCK AM WERK
Dieser Schnellkochtopf aus den 30er Jahren besteht aus Aluminiumguß. Durch den extrem hohen Druck in seinem Inneren kann man Wasser über den Siedepunkt hinaus erhitzen und die Speisen schneller garen.

SCHAUMSTEIN
Bimsstein besteht aus Lava, die rasch abgekühlt und erstarrt ist. Sie ist wie Schaum mit Hohlräumen durchsetzt, die durch eingeschlossene Gasblasen entstanden.

FEUERSPEIER
Beim Ausbruch eines Vulkans können Tausende Tonnen Lava (rotglühendes flüssiges Gestein aus dem Erdinneren) ausgestoßen werden. Beim Abkühlen ändert Lava ihren Zustand – sie erstarrt und wird fest.

VERSTECKTE WÄRME
Joseph Black (1728–1798) entdeckte, daß schmelzendes Eis auch bei weiterer Wärmezufuhr nicht wärmer wird, bis es vollständig geschmolzen ist. Die dabei aufgenommene Wärme wird erst beim Erstarren wieder frei, ist also latent (verborgen) vorhanden.

2 FLÜSSIG
Wird Eis ausreichend erwärmt, verflüssigt es sich zu Wasser. Dies geschieht normalerweise bei einer ganz bestimmten Temperatur, dem Schmelzpunkt von 0 °C. Bei normalem Luftdruck bleibt Wasser bis 100 °C (Siedepunkt) flüssig.

3 GASFÖRMIG
Bei weiterer Wärmezufuhr wird erhitztes Wasser zu Dampf, einem farblosen, unsichtbaren Gas. Es zeigt sich nur durch Blasen im Wasser. Was man gewöhnlich als Dampf bezeichnet, ist kondensierter (wieder verdichteter) Wasserdampf in Form von feinsten Tröpfchen.

Glas und Kolloide

Nicht immer ist ein anscheinend fester Stoff ein Festkörper. Glas ist z.B. eigentlich eine erstarrte Flüssigkeit. Diese Stoffe haben keine festen Schmelz- oder Siedepunkte, sondern verändern ihren Zustand nur sehr langsam. Ihre Bausteine sind nicht an bestimmte feste Orte gebunden wie bei Kristallen, sondern leicht beweglich. Ihr Abstand bleibt beim Erwärmen jedoch so gut wie gleich, weshalb sich solche „amorphen“ (gestaltlosen) Stoffe nicht ausdehnen. Viele amorphe Stoffe sind Kolloide – Mischungen mit feinster Verteilung ihrer Bestandteile. Die Teilchen sind meist zu klein, um mit bloßem Auge erkennbar zu sein. Beispiele: farbiges Glas (feste Teilchen verteilt in einem festen Körper), Rauch (feste Teilchen in einem gasförmigen) und Schaum (gasförmige Teilchen in einem flüssigen Körper).

Obsidian wurde behauen und z.B. für scharfe Pfeilspitzen verwendet.

NATÜRLICHES GLAS
Obsidian, ein Gesteinsglas, entsteht beim raschen Abkühlen von Lava. Dabei können seine Bausteine kein regelmäßiges Gitter (wie bei Kristallen) bilden. In der Steinzeit wurde Obsidian für Werkzeuge verwendet.

Geschmolzene Glasmasse

Hohlform

Stabile Schere

GLASBLÄSEREI
Glas besteht vor allem aus Quarzsand, Kalkstein und Soda. Fein vermahlen werden diese Bestandteile vermischt und zu einer leicht formbaren Masse zusammengeschmolzen. Glas kannten schon die Ägypter vor 3500 Jahren. Das Mundblasverfahren, die älteste Form der Hohlglasherstellung, kam im 1. Jh.n.Chr. auf. Heute, da Glas meist maschinell hergestellt wird, ist die Glasbläserei ein Kunsthandwerk. Hier wird sie ausführlich beschrieben.

Soda (Natriumkarbonat)

Quarzsand (Kieselsäure)

Kalkstein (Kalziumkarbonat)

Eisenoxid färbt Glas grün.

Bariumkarbonat färbt Glas braun.

1 DIE GLASMASSE
Hauptbestandteil der Glasmasse ist Quarzsand, der Glasbildner. Hinzu kommen die Flußmittel (z.B. Soda und Kalkstein), um den Schmelzpunkt herabzusetzen, und Stabilisatoren wie Bariumkarbonat, die das Glas haltbar machen.

2 GLASSCHNEIDEN
Mit der Glasmacherpfeife, einem Eisenrohr, wird ein Klumpen Glasschmelze („Külbel“ oder „Kölbchen“) aufgenommen. Der Glasbläser gibt den Külbel in die Meßform und schneidet die passende Menge mit einer stabilen Schere ab. Auch Flachglas (z.B. für Fensterscheiben) wurde früher handwerklich hergestellt: Der Külbel wurde durch schnelles Drehen der Glasmacherpfeife zu einer dünnen Schicht abgeplattet, aus der man die gewünschte Form herausschnitt.

DER RICHTIGE DREH
Dieser Glasbläser aus dem 18. Jh. erwärmt unter ständigem Drehen erneut den Rand eines Glases, um die Form zu korrigieren. Da Glas beim Erwärmen nur langsam weicher wird, läßt es sich leicht in die gewünschte Form bringen.

GLASBLÄSER UND GEHILFE
Der Glasbläser fertigt aus dem Külbel einen dünnen Stiel für ein Trinkglas. Um eine gleichmäßige Form zu erzielen, dreht er die Glasmacherpfeife auf den „Lehnen" des Glasmacherstuhls. Dabei zieht sein Gehilfe das Ende des Külbels aus, während er selbst den Stiel formt und abschneidet.

3 DER KÜLBEL

Die gewünschte Menge Glasschmelze nimmt der Glasbläser mit dem Ende seiner Glasmacherpfeife aus der Meßform auf und erhitzt sie weiter im Ofen. Dann bläst er etwas Luft durch das Rohr und formt die Masse vor, indem er sie auf einer ebenen Fläche hin- und herrollt. Der so entstandene Külbel hat etwa die Größe und Form des fertigen Produkts, hier einer Flasche. Hinter dem Külbel sieht man die geöffnete Blasform, die ihn aufnehmen soll und deren innere Wandung wie eine Flasche geformt ist.

4 BLASEN, FORMEN, DREHEN

Wenn die Form geschlossen und fest zusammengepreßt ist, wird erneut in den Külbel geblasen. Dabei dehnt er sich aus und schmiegt sich der Wandung der Form an. Bei diesem Vorgang dreht der Glasbläser die Glasmacherpfeife rasch, damit man die Nahtstelle zwischen den beiden Formhälften später nicht sieht. Jedoch berührt das Glas die Form niemals direkt: Sie ist innen angefeuchtet, so daß sich durch die heiße Glasmasse Wasserdampf bildet, der das Glas „abpolstert".

5 DIE FERTIGE FLASCHE

Die Blasform wird geöffnet, das fertige Produkt herausgenommen – eine Nachbildung einer Flasche aus dem 17. Jh. Sie muß noch von der Glasmacherpfeife abgeschlagen werden. Der dabei entstehende unregelmäßige Rand des Flaschenhalses wird erneut erhitzt und mit entsprechenden Formwerkzeugen geglättet. Nach dem Abkühlen wird die tiefbraune Farbe erkennbar, die vom Bariumkarbonat herrührt. In den Anfängen der Glasmacherkunst gab es nur farbiges Glas. Klares Glas wird seit dem 1. Jh. v. Chr. hergestellt.

Mischungen und Verbindungen

Mischt man Salz und Sand, sind die einzelnen Körner deutlich zu erkennen. Sie lassen sich auch leicht wieder voneinander trennen: Durch leichtes Schütteln setzen sich die schwereren Sandkörner am Boden ab. Bei einer solch losen Verbindung spricht man von Mischung. Mischt man dagegen Salz und Wasser, ist der gelöste Stoff, das Salz, nicht mehr erkennbar: Es entsteht eine durchsichtige Lösung. Die Bestandteile kann man aber durch Verdampfen des Wassers wieder trennen: Das Salz bleibt als fester Stoff zurück. Am engsten verbinden sich Stoffe in chemischen Verbindungen. Verbrennt man beispielsweise Kohlenstoff (in Holzkohle enthalten), verbinden sich seine Atome mit denen des Sauerstoffs der Luft zu Kohlendioxid und Kohlenmonoxid – Gasen, die völlig andere Eigenschaften als ihre Bausteine haben.

DIE SPREU VOM WEIZEN
Beim Dreschen wird das Getreidekorn von der Spreu (den Spelzen oder Hüllen) getrennt. Früher wurden die Körner mit Hilfe des „Worfelns" von den Spelzen gelöst: Die mit dem „Flegel" gedroschenen Ähren wurden hochgeworfen, der Wind wehte die leichten Spelzen fort, und die Körner fielen zu Boden.

GOLDWÄSCHE
Die Goldsucher des 19. Jh.s gewannen das edle Metall oft durch Auswaschen von Sand und Gestein. Sie schwenkten Flußsand mit etwas Wasser in einer Schale. Die schwereren Goldkörner setzten sich dabei am Boden ab.

ELEMENTARE ERKENNTNISSE
Robert Boyle (1627–1691) war der bekannteste Chemiker seiner Zeit. 1661 beschrieb er Elemente (S. 32–33) als Stoffe, die mit den Mitteln der Chemie nicht weiter zerlegbar sind. Er erkannte, daß es nicht nur vier (S. 8–9), sondern zahlreiche Elemente gibt. Boyle unterschied auch als einer der ersten zwischen Mischung und Verbindung.

FARBPROTOKOLL
Stoffgemische können mit Hilfe der Chromatographie getrennt werden. Taucht man wie hier einen Streifen Löschpapier in einen Auszug aus Blütenblättern, saugt sich das Papier voll. Die entstehenden farbigen Streifen geben Aufschluß über die unterschiedlich schnell wandernden Bestandteile der Flüssigkeit.

ANALYSE VON VERBINDUNGEN

Um 1830 entwickelte Justus von Liebig einen Kondensator zur Analyse von kohlenstoffhaltigen Verbindungen. Er verdampfte die Verbindungen durch Erhitzen und leitete sie durch ein Glasrohr mit Kupferoxid. Der Sauerstoff des Kupferoxids verband sich mit dem im Dampf enthaltenen Kohlenstoff und Wasserstoff zu Kohlendioxidgas und Wasserdampf. Das Kohlendioxid wurde anschließend vom Kaliumhydroxid in den beiden Glaskolben absorbiert. Durch die Gewichtszunahme in den Kolben ließ sich der Kohlenstoffanteil in der ursprünglichen Verbindung berechnen.

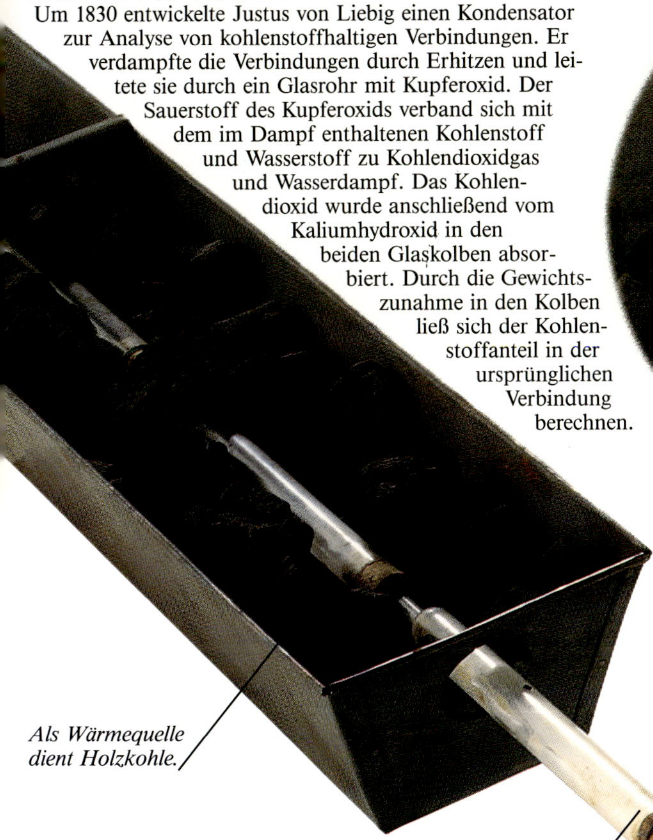

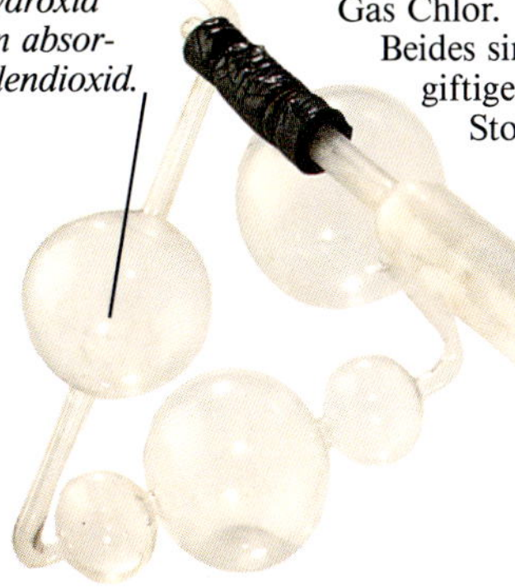

Als Wärmequelle dient Holzkohle.

Glasrohr mit Kupferoxid

Das Kaliumhydroxid im Glaskolben absorbiert das Kohlendioxid.

Das Kalziumchlorid in diesem Glasrohr absorbiert Wasser, so daß der Wasserstoffanteil in der Verbindung berechnet werden kann.

VERDIENSTVOLLER CHEMIKER

Justus von Liebig (1803–1873) führte wichtige Forschungen auf dem Gebiet der organischen Chemie durch. Er entdeckte zahlreiche neue Stoffe, z.B. die Harnsäure. Heute versteht man unter organischen Stoffen nicht mehr nur lebende Materie, sondern Kohlenstoffverbindungen (S. 40–43) überhaupt. Außerdem begründete er den Laboratoriumsunterricht und entwickelte das Verfahren der Mineraldüngung (Kunstdünger), das die landwirtschaftliche Produktion erheblich steigern konnte.

ZAHN DER ZEIT: ROST

Rost ist eine meist rote chemische Verbindung. Sie entsteht, wenn sich Eisen, ein Festkörper von grauer Farbe, unter Einwirkung von Feuchtigkeit mit Sauerstoff verbindet. An der Luft rostet Eisen sehr schnell, doch läßt sich die entstandene Verbindung (Eisenoxid) mit Hilfe chemischer Mittel wieder auflösen.

SALZ DER ERDE

Im 19. Jh. gelang der Nachweis, daß Kochsalz eine Verbindung zweier zuvor unbekannter Stoffe ist, nämlich von Natrium, einem silbrig-weißen Metall, und dem Gas Chlor. Beides sind giftige Stoffe.

WIRBEL IM LABOR

Mischungen von Flüssigkeiten oder von festen Stoffen mit Flüssigkeiten scheiden sich im Laufe der Zeit in ihre Bestandteile. Man kann diesen Vorgang mit einer Zentrifuge beschleunigen, die eine Probe des Stoffs durch schnelle Drehungen „herumwirbelt“.

Schnelle Drehung

Die mechanische Zentrifuge wird durch Drehen der Kurbel in Gang gesetzt.

Zentrifuge in Aktion

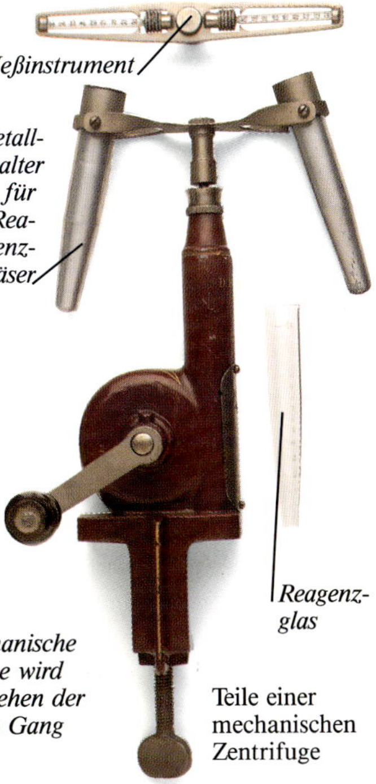

Die Kurbel ist über ein Getriebe mit der Welle verbunden; das erhöht die Drehzahl der Welle.

Meßinstrument

Metallhalter für Reagenzgläser

Reagenzglas

Teile einer mechanischen Zentrifuge

MEERSALZ

Salzpfannen wie hier in Indien sind flache Mulden, die mit Meerwasser (chemisch eine Lösung von Wasser und Salz) überflutet werden. In der heißen Sonne verdunstet das Wasser, und Salz bleibt als fester Körper zurück.

Erhaltung von Materie

Stoffe verbinden, lösen und verändern sich auf vielfältige Weise. Dabei scheinen manche zu verschwinden und neue aufzutauchen. So bildet sich im Wasserkessel Kesselstein, und Wasser in Blumenuntersetzern verdunstet. Pflanzen wachsen und nehmen dabei mehr an Gewicht zu, als sie an Dünger und Wasser aufgenommen haben. Dennoch: unter gewöhnlichen Umständen gehen Stoffe nicht „verloren“ und entstehen auch nicht aus dem Nichts. Kesselstein baut sich aus Stoffen aus, die im Wasser gelöst sind, das Wasser im Untersetzer nimmt die Form von unsichtbarem Gas an, und die Zunahme der Pflanzenmasse rührt vom unsichtbaren Kohlendioxidgas der Luft her. Nur bei Kernreaktionen, etwa in der Sonne, werden Stoffe neu erzeugt oder verschwinden, genauer: werden in Energie umgewandelt.

ZEUGEN DER VORZEIT
Die Überreste von Lebewesen werden zersetzt und schließlich restlos von Mikroorganismen verzehrt. Nur in Form von Versteinerungen hinterlassen sie Spuren.

Verzierte gleicharmige Balkenwaage

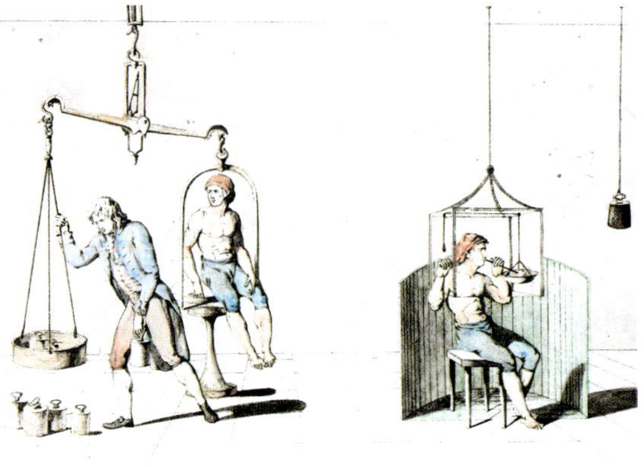

GLEICHGEWICHT DER GEWICHTE
Lavoisier hielt über lange Zeiträume die Gewichtsveränderungen seiner Versuchspersonen und -tiere fest. Damit wollte er herausfinden, was mit der Nahrung, Flüssigkeit und Luft geschah, die sie aufnahmen. Er bestimmte die Gewichte der verzehrten festen und flüssigen Nahrung sowie die Unterschiede im Körpergewicht und leitete daraus die Menge der beteiligten Gase ab.

BRENNBARES PRINZIP
Gegen Ende des 18. Jh.s wurde die Waage zum wichtigsten Meßinstrument der Chemiker. Das genaue Abwiegen war der Schlüssel zum Verständnis chemischer Reaktionen. Es führte z.B. dazu, daß die Phlogistontheorie (S. 30–31) aufgegeben wurde. Sie besagte, daß alle Stoffe ein brennbares „Prinzip“ enthalten, Phlogiston genannt, das beim Verbrennen entweicht. Nach der Oxidationstheorie von Lavoisier wird beim Verbrennen jedoch Sauerstoff aufgenommen.

EIN CHEMIKERPAAR
Daß Materie nicht verlorengeht, beschrieb Antoine Lavoisier (1743–1794) im Jahre 1789. Neu war dieser Gedanke nicht – schon viele Denker vor ihm hatten die Materie für „unsterblich“ gehalten. Lavoisier war jedoch der erste, der diesen Grundsatz nachweisen konnte. Seine aufwendigen Versuche zeichneten sich durch strenges Vorgehen aus; so schloß er z.B. äußere Einflüsse aus und zeichnete alle Ergebnisse der chemischen Reaktionen genau auf. Dabei unterstützte ihn seine Frau Marie-Anne, eine begabte Chemikerin.

BEWEISE ABWÄGEN
Man versteht Lavoisiers Theorie von der Erhaltung der Materie besser, wenn man das Gewicht eines Körpers vor und nach einem Versuch vergleicht. Hier dient uns dazu eine Birne, luftdicht abgeschlossen unter einer Glasglocke. Sie wird einige Tage liegen gelassen und dann erneut gewogen. Dabei stellt man fest, daß die Verrottung das Gesamtgewicht nicht beeinflußt hat.

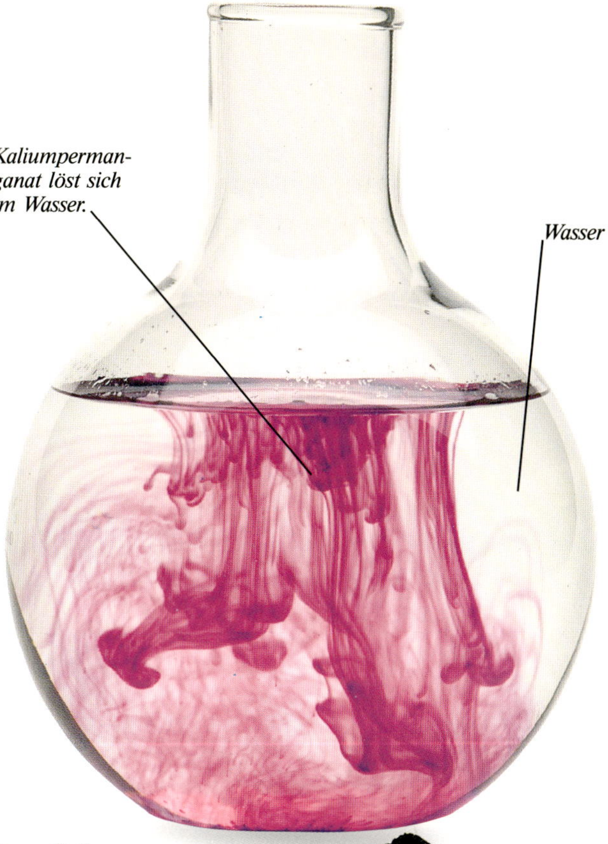

NATÜRLICHE EROSION
Die Landmassen werden durch Wind und Wetter langsam abgetragen und ausgewaschen. Die abgetragenen Stoffe lagern sich jedoch an anderer Stelle oder in Gewässern ab.

EINFACHE LÖSUNG
Viele feste Stoffe werden in Wasser gelöst. Sind sie (wie Salz) farblos, meint man leicht, sie seien völlig verschwunden. Tatsächlich haben sie sich aber in winzige Teilchen aufgelöst und in der Flüssigkeit ganz fein verteilt. Bei farbigen festen Stoffen (wie hier Kaliumpermanganat) kann man sehen, daß der gelöste feste Stoff noch existiert. Das wird bestätigt, wenn man das Gewicht der Lösung mit dem der Summe der Ausgangsstoffe vergleicht.

KNALLEFFEKT
Wenn Feuerwerkskörper explodieren, werden Schwarzpulver und andere Stoffe sowie die Umhüllung aus Pappe verbrannt. Bei der Verbrennung entstehen Gase und geringe Mengen fester Stoffe. Obwohl „in alle Winde zerstreut", wiegen die entstandenen Verbindungen genauso viel wie die Feuerwerkskörper.

KEIN FAULER ZAUBER
Nach einigen Tagen beginnt die Birne zu verrotten, sie wird weich und braun. Die Luft unter der Glasglocke enthält nun weniger Sauerstoff, denn er hat sich teilweise mit den Stoffen in der Birne verbunden. Dafür enthält sie mehr Kohlendioxid und andere Gase, die von der Birne freigesetzt wurden. Insgesamt ist das Gewicht des Behälters samt Inhalt exakt das gleiche geblieben. Frühere Chemiker machten sich nicht klar, daß Luft eindringen oder entweichen kann, wenn die Glasglocke angehoben wird, und so das Gewicht der Probe verändert.

Wenn Stoffe verbrennen

Eine wissenschaftliche Errungenschaft des 18. Jahrhunderts ist die Erklärung der chemischen Vorgänge bei der Verbrennung. Zu dieser Zeit hielt man noch an der Theorie von Georg Stahl (1660–1734) fest, daß ein besonderes Element, Phlogiston genannt und in jedem Stoff vorhanden, beim Verbrennen freigesetzt werde. Somit müßten alle Stoffe beim Verbrennen an Gewicht verlieren. Nun hatte man aber bereits damals beobachtet, daß manche Stoffe, etwa bestimmte Metalle, bei der Verbrennung schwerer werden. Antoine Lavoisier (S. 28–29) widerlegte schließlich die Phlogistontheorie. Er erkannte, daß Luft ein Gas enthält, das sich mit den verbrennenden Stoffen verbindet: Sauerstoff (französisch *oxygène*). Eine Verbrennung ist also eine Oxidation, bei der ein Stoff oft vollständig und unter Freisetzung von Wärme in einen anderen umgewandelt wird.

KRISTALLE VERWANDELT
Diese Bildfolge zeigt die Verbrennung orangefarbener Ammoniumdichromat-Kristalle unter Entwicklung von Flammen, Wärme und Licht zu grünlichgrauer Asche.

1 REAKTIONSBEREIT
Ammoniumdichromat wird für Wunderkerzen verwendet. Es ist eine Verbindung aus Stickstoff, Wasserstoff, Chrom und Sauerstoff.

2 LEBENSFUNKE
Durch eine Flamme entzündet, bilden sich die Atome unter Wärme- und Lichtentwicklung zu einfacheren Stoffen um.

SAUBERE SONNENENERGIE
Lavoisier interessierte sich besonders für chemische Reaktionen, die durch große Wärme ausgelöst werden. Dabei stellte sich das Problem, Hitze zu erzeugen, die sowohl groß als auch „sauber" war. Denn häufig wurden die miteinander reagierenden Stoffe durch den Rauch und Ruß der Wärmequelle (meist eine Flamme) verschmutzt. Seine Lösung war dieses riesige fahrbare Brennglas (mit Konvexlinsen), mit dem er 1774 die französische Öffentlichkeit beeindruckte.

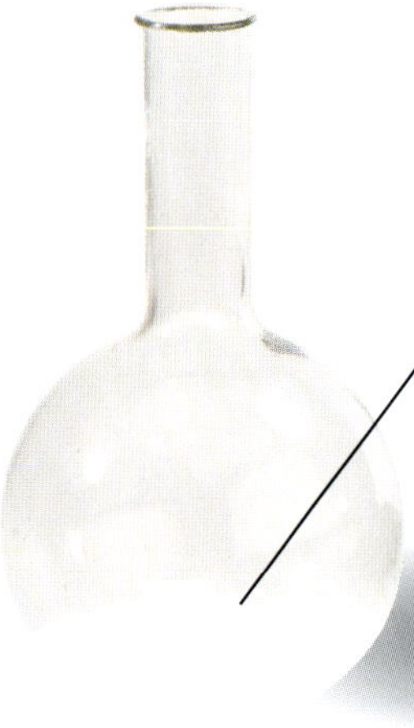

IM BRENNPUNKT
Viele Stoffe verändern sich durch Wärme. Manche werden durch sie erst zur Reaktion angeregt, oder ihre Reaktion wird beschleunigt. In diesem Glaskolben mit Eis wird Wärme erzeugt, indem Sonnenlicht durch eine große Konvexlinse gebündelt wird. Das Eis schmilzt – eine physikalische und keine chemische Reaktion, da sich nur der Zustand des Wassers ändert. Wird die Hitze dagegen genutzt, um Papier zu entflammen, entstehen bei der Verbrennung neue Stoffe – eine chemische Reaktion.

3 AUFLÖSUNGSERSCHEINUNGEN

Der Stoff wird rasch in Chromoxid umgewandelt, eine Verbindung aus Chrom und Sauerstoff. Außerdem werden Stickstoff und Wasserdampf freigesetzt, beides unsichtbare Gase.

4 ZU ASCHE ZERFALLEN

Die orangefarbenen Kristalle des Ammoniumdichromats haben sich aufgelöst und in einen Haufen Chromoxid verwandelt. Stickstoff und Wasserdampf sind entwichen.

Grünlichgraue Chromoxid-Asche

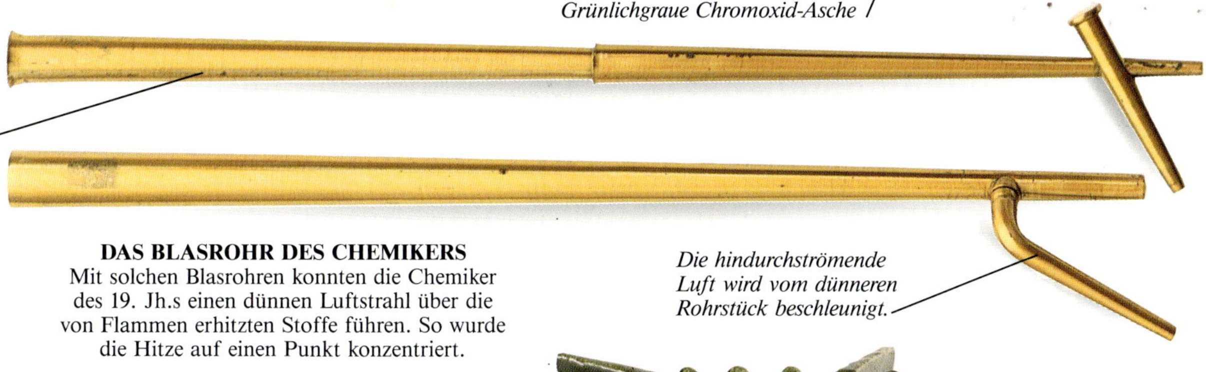

DAS BLASROHR DES CHEMIKERS
Mit solchen Blasrohren konnten die Chemiker des 19. Jh.s einen dünnen Luftstrahl über die von Flammen erhitzten Stoffe führen. So wurde die Hitze auf einen Punkt konzentriert.

BUNSENS ERFINDUNG
Robert Bunsen (1811–1899) erfand den heute noch gebräuchlichen Leuchtgasbrenner, der nach ihm benannt wurde. Der Bunsenbrenner liefert eine regulierbare heiße Flamme.

Bunsenbrenner von 1889

PRAKTISCHE DÜSE
Das Geheimnis des Bunsenbrenners liegt im Luftregler, einer verstellbaren Öffnung, durch die das Gas (das aus einer Düse ausströmt) die Verbrennungsluft ansaugt.

Bunsenbrenner aus emailliertem Eisen

BESSERER BRAND
Dieser Laboratoriums-Gasbrenner wurde 1874 gebaut. Seine besondere Bauweise erhöhte die erzeugte Wärmemenge.

Ordnung der Elemente

FLAMMPROBE
Kochsalz (Natriumchlorid) brennt in der Flamme gelb. So wird das Element Natrium nachgewiesen.

Chemische Elemente sind Grundstoffe – reine Substanzen, die nur aus einer Art von Atomen bestehen und mit chemischen Mitteln nicht weiter in einfachere Stoffe zerlegt werden können. Im 18. und 19. Jahrhundert entdeckte man viele Elemente mit Hilfe der Elektrolyse und der Spektroskopie. Bei der Elektrolyse wird elektrischer Strom durch eine chemische Verbindung geleitet, um diese in ihre Elemente zu zerlegen (S. 50–51). Mit einem Spektroskop (S. 56–57) kann man das von erhitzten Stoffen ausgesandte Licht analysieren und das für jedes Element typische Farbmuster zeigen. Dimitri Mendelejew (1834–1907) entwickelte das Periodensystem, in dem die Elemente nach ihren Eigenschaften geordnet sind.

EINE BATTERIE VON ENTDECKUNGEN
Nachdem Humphry Davy (1778–1829) die von Alessandro Volta erfundene elektrische Batterie kennengelernt hatte, entwickelte er eine eigene, sehr große Batterie mit 250 Metallplatten. Er benutzte sie zur Schmelzflußelektrolyse, um die elementare Natur bestimmter Stoffe nachzuweisen (z.B. Kalium, Natrium, Chlor).

SALZKNACKER
Humphry Davy entdeckte das Natrium, indem er elektrischen Strom durch eine Salzschmelze leitete. Er benutzte dazu einen Elektrolyse-Apparat (rechts), mit dessen Hilfe er auch andere Metalle mit ähnlichen Merkmalen nachweisen konnte, z.B. Barium, Kalium, Magnesium, Kalzium und Strontium. Kalium diente ihm dazu, ein neues Element zu isolieren: Bor.

Die Batterie wird an diese Pole angeschlossen.

BRENNENDE FRAGE
Mit dieser Ausrüstung (links) aus dem 19. Jh. führte man Flammproben durch. Sie umfaßt u.a. Blasrohr, Pinzette und verschiedene Chemikalien. Bei der Flammprobe bringt man geringe Mengen eines Stoffs auf einen Metalldraht, den man in die Flamme hält. Oft kann man an der Farbe der Flamme erkennen, um welchen Stoff es sich handelt. Eine violette Flamme etwa weist auf Kalium hin, eine blaugrüne auf Kupfer. Voraussetzung ist eine sehr heiße Flamme, wie sie der Bunsenbrenner (S. 31) liefert.

ELEKTRISCH ZERLEGT

Kochsalz ist eine Verbindung aus einem Natrium- und einem Chloratom. Wird es in Wasser gelöst, zerfällt es in Ionen (Atome mit veränderter Elektronenzahl), genauer: in elektrisch positive Natrium- und negative Chlorionen (S. 50–51). Taucht man die Pole einer Batterie ins Wasser, zieht der positive Pol die Chlorionen an, der negative die Natriumionen.

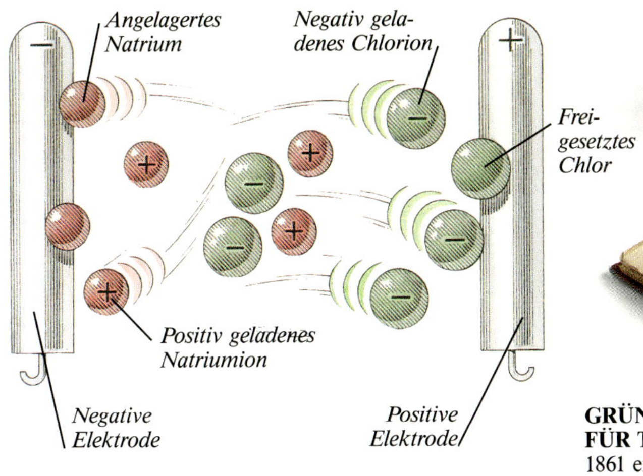

Die flüssigen Verbindungen oder ihre Lösungen wurden zur Elektrolyse in diese Glasschale gegeben.

GRÜNES LICHT FÜR THALLIUM

1861 entdeckte William Crookes (S. 48) mit Hilfe der Spektroskopie das Thallium, ein bis dahin unbekanntes Element. Die Entdeckung gelang, weil Thallium bei der Flammprobe leuchtendgrünes Licht aussendet. Oben sind einige Proben des Elements und Crookes' Notizbuch abgebildet, in dem er alle Einzelheiten festhielt.

Das Periodensystem

Im Periodensystem sind die chemischen Elemente nach ihrer Ordnungszahl (Zahl der Protonen im Atomkern, S. 52–53) in waagerechten Reihen, den sogenannten Perioden, geordnet. Dabei stehen die heute bekannten 107 Elemente in Gruppen senkrecht übereinander. Jeder Gruppe gehören Elemente mit ähnlichen chemischen oder physikalischen Merkmalen an. So enthält beispielsweise Gruppe VIII die Edelgase und Gruppe I besonders reaktionsfreudige Metalle wie Natrium (Na).

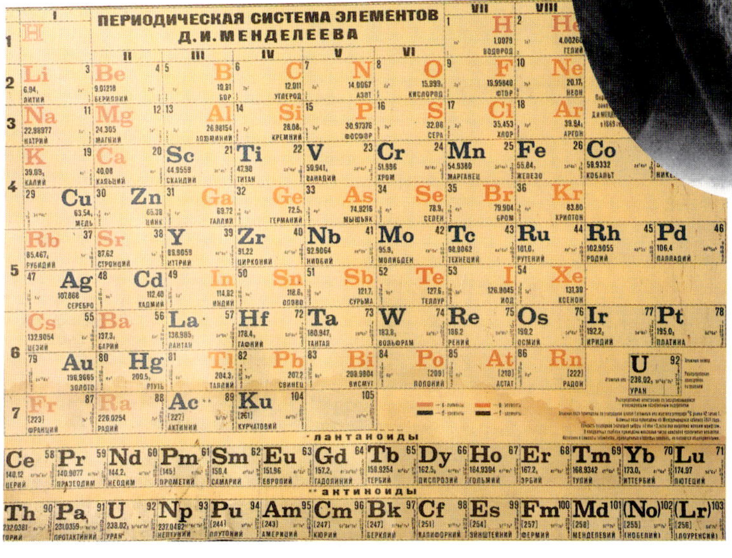
ПЕРИОДИЧЕСКАЯ СИСТЕМА ЭЛЕМЕНТОВ
Д.И.МЕНДЕЛЕЕВА

I II III IV V VI VII VIII

1: H; H 1 1.0079 ВОДОРОД; He 2 4.0026 ГЕЛИЙ
2: Li 3 6.94 ЛИТИЙ; Be 4 9.01218 БЕРИЛЛИЙ; B 5 10.81 БОР; C 6 12.011 УГЛЕРОД; N 7 14.0067 АЗОТ; O 8 15.999 КИСЛОРОД; F 9 18.99840 ФТОР; Ne 10 20.17 НЕОН
3: Na 11 22.98977 НАТРИЙ; Mg 12 24.305 МАГНИЙ; Al 13 26.98154 АЛЮМИНИЙ; Si 14 28.08 КРЕМНИЙ; P 15 30.97376 ФОСФОР; S 16 32.06 СЕРА; Cl 17 35.453 ХЛОР; Ar 18 39.94 АРГОН
4: K 19 39.09 КАЛИЙ; Ca 20 40.08 КАЛЬЦИЙ; Sc 21 44.9559 СКАНДИЙ; Ti 22 47.90 ТИТАН; V 23 50.941 ВАНАДИЙ; Cr 24 51.996 ХРОМ; Mn 25 54.9380 МАРГАНЕЦ; Fe 26 55.84 ЖЕЛЕЗО; Co 27 58.9332 КОБАЛЬТ
Cu 29 63.54 МЕДЬ; Zn 30 65.38 ЦИНК; Ga 31 69.72 ГАЛЛИЙ; Ge 32 72.5 ГЕРМАНИЙ; As 33 74.9216 МЫШЬЯК; Se 34 78.9 СЕЛЕН; Br 35 79.904 БРОМ; Kr 36 83.80 КРИПТОН
5: Rb 37 85.467 РУБИДИЙ; Sr 38 87.62 СТРОНЦИЙ; Y 39 88.9059 ИТТРИЙ; Zr 40 91.22 ЦИРКОНИЙ; Nb 41 92.9064 НИОБИЙ; Mo 42 95.9 МОЛИБДЕН; Tc 43 98.9062 ТЕХНЕЦИЙ; Ru 44 101.0 РУТЕНИЙ; Rh 45 102.9055 РОДИЙ; Pd 46 106.4 ПАЛЛАДИЙ
Ag 47 107.868 СЕРЕБРО; Cd 48 112.40 КАДМИЙ; In 49 114.82 ИНДИЙ; Sn 50 118.6 ОЛОВО; Sb 51 121.7 СУРЬМА; Te 52 127.6 ТЕЛЛУР; I 53 126.9045 ИОД; Xe 54 131.30 КСЕНОН
6: Cs 55 132.9054 ЦЕЗИЙ; Ba 56 137.3 БАРИЙ; La 57 138.905 ЛАНТАН; Hf 72 178.4 ГАФНИЙ; Ta 73 180.947 ТАНТАЛ; W 74 183.8 ВОЛЬФРАМ; Re 75 186.2 РЕНИЙ; Os 76 190.2 ОСМИЙ; Ir 77 192.2 ИРИДИЙ; Pt 78 195.0 ПЛАТИНА
Au 79 196.9665 ЗОЛОТО; Hg 80 200.5 РТУТЬ; Tl 81 204.3 ТАЛЛИЙ; Pb 82 207.2 СВИНЕЦ; Bi 83 208.9804 ВИСМУТ; Po 84 [209] ПОЛОНИЙ; At 85 [210] АСТАТ; Rn 86 [222] РАДОН
7: Fr 87 [223] ФРАНЦИЙ; Ra 88 226.0254 РАДИЙ; Ac 89 [227] АКТИНИЙ; Ku 104 [261] КУРЧАТОВИЙ; 105
U 92 238.02 УРАН

лантаноиды
Ce 58 140.12 ЦЕРИЙ; Pr 59 140.9077 ПРАЗЕОДИМ; Nd 60 144.2 НЕОДИМ; Pm 61 [145] ПРОМЕТИЙ; Sm 62 150.4 САМАРИЙ; Eu 63 151.96 ЕВРОПИЙ; Gd 64 157.2 ГАДОЛИНИЙ; Tb 65 158.9254 ТЕРБИЙ; Dy 66 162.5 ДИСПРОЗИЙ; Ho 67 164.9304 ГОЛЬМИЙ; Er 68 167.2 ЭРБИЙ; Tm 69 168.9342 ТУЛИЙ; Yb 70 173.0 ИТТЕРБИЙ; Lu 71 174.97 ЛЮТЕЦИЙ

актиноиды
Th 90 232.0381 ТОРИЙ; Pa 91 231.0359 ПРОТАКТИНИЙ; U 92 238.02 УРАН; Np 93 237.0482 НЕПТУНИЙ; Pu 94 [244] ПЛУТОНИЙ; Am 95 [243] АМЕРИЦИЙ; Cm 96 [247] КЮРИЙ; Bk 97 [247] БЕРКЛИЙ; Cf 98 [251] КАЛИФОРНИЙ; Es 99 [254] ЭЙНШТЕЙНИЙ; Fm 100 [257] ФЕРМИЙ; Md 101 [258] МЕНДЕЛЕВИЙ; (No) 102 [255] (НОБЕЛИЙ); (Lr) 103 [256] (ЛОУРЕНСИЙ)

ORDNENDER GEIST

Aufgrund von Mendelejews Periodensystem mußten Erkenntnisse revidiert werden, die zuvor als gesichert galten. Mit seiner Hilfe konnten neue Elemente, ihre Atomgewichte und chemischen Eigenschaften theoretisch beschrieben werden. (Links ein Periodensystem von 1869)

Bausteine der Materie

Im Zuge der Entdeckung immer neuer Elemente wurde unter Wissenschaftlern der Aufbau der Materie lebhaft erörtert. John Dalton (1766–1844) griff die alte Vorstellung von den Atomen (S. 8–9) wieder auf. Atome sind die kleinsten Bausteine eines Elements, und alle Atome eines Elements sind gleich. Atome unterschiedlicher Elemente können untereinander Verbindungen eingehen, Moleküle genannt. Dalton zeigte, daß man Atomgewichte feststellen kann, indem man die an einer Verbindung beteiligten Elemente genau abwiegt. Die Atome verschiedener Elemente haben unterschiedliches Atomgewicht, alle Atome eines Elements haben das gleiche Atomgewicht. So kann man zwar nicht das Gewicht eines einzelnen Atoms angeben, aber bestimmen, wieviel mal ein Element schwerer ist als Wasserstoff, das leichteste Element.

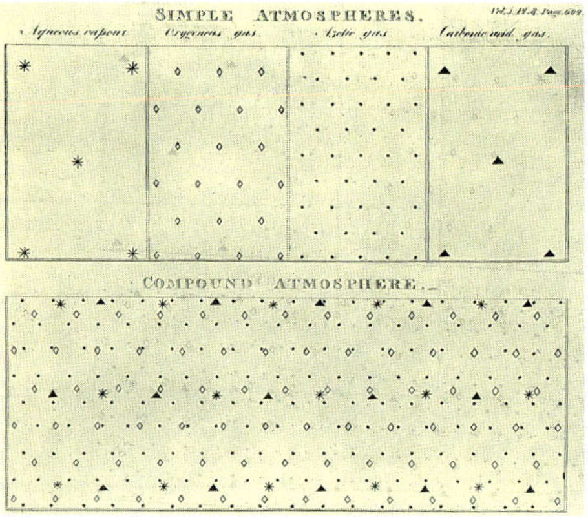

ATMOSPHÄRISCHE ATOME
Diese Diagramme zeichnete Dalton 1802. Als Meteorologe wußte er, daß Luft ein Gemisch aus mehreren Gasen ist, z.B. Sauerstoff, Wasserdampf, Kohlendioxid und Stickstoff (oberes Bild). Indem er beschrieb, warum diese Gase gemischt bleiben und keine getrennten Schichten bilden, entwickelte er seine Atomtheorie.

ANNÄHERUNGEN AN DAS ATOM
Die stoffliche Welt ist aus Atomen aufgebaut, vergleichbar den Buchstaben eines Buches. Will man den Aufbau der Stoffe verstehen, muß man sie näher betrachten, ähnlich wie ein Leser sich eine Buchseite genau ansehen muß, um den Sinn der Buchstaben und Wörter zu verstehen.

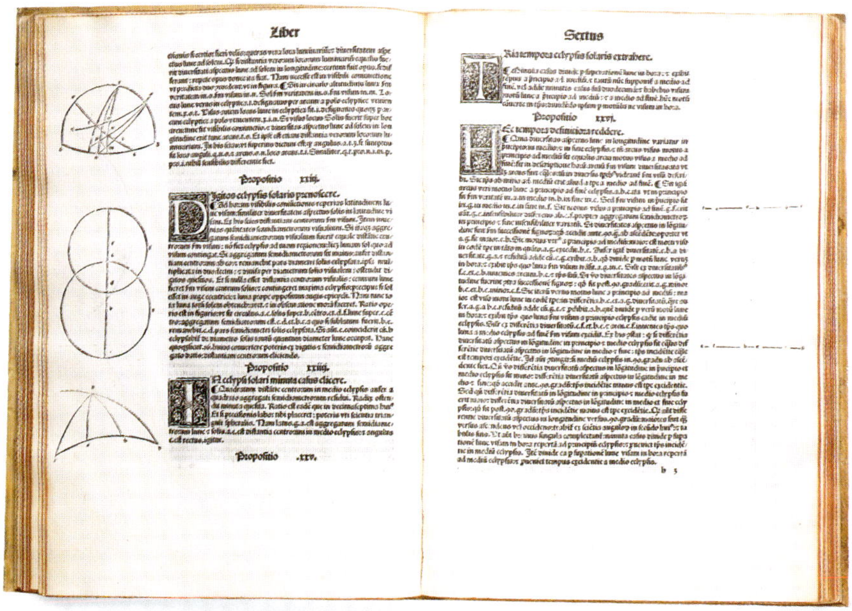

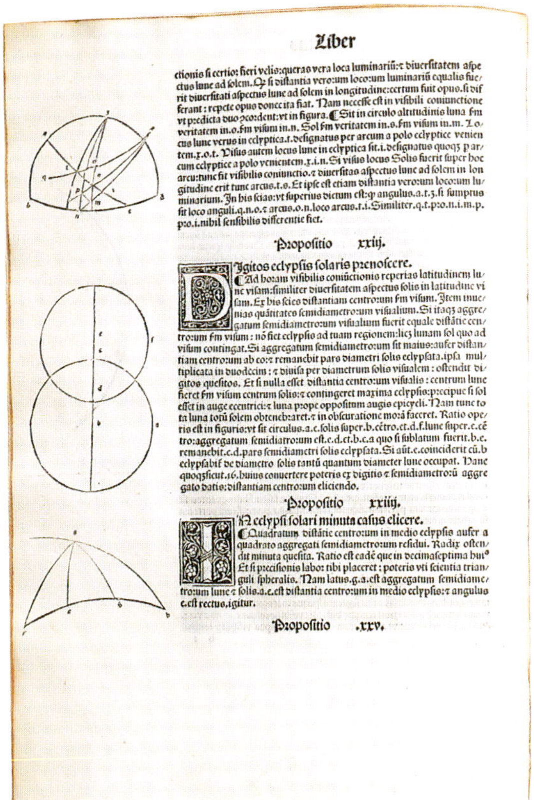

1 DAS BUCH DER WELT
Der Blick in ein Buch zeigt, wie es aufgebaut ist. Man sieht Bilder, Texte in großem und kleinem Druck, einzelne Kapitel und Abschnitte usw. Sieht man sich die Welt ringsum an, dann fällt auch hier eine ungeheure Vielfalt der Stoffe und Körper auf. Dabei ist noch nicht erkennbar, aus welchen Bausteinen alles besteht.

2 SEITE FÜR SEITE
Betrachtet man nur eine Seite aus dem „Buch der Welt“, so hat man, verglichen mit den kleinsten Bausteinen, immer noch einen großen Ausschnitt vor Augen. Auch wer die Materie wissenschaftlich untersucht, muß die kleinen und kleinsten Dinge „herausfiltern“, indem er z.B. im Labor eine chemische Verbindung untersucht. Je tiefer er in die Materie eindringt, desto genauere Instrumente benötigt er.

ELASTISCHE FLÜSSIGKEITEN
Dalton nahm an, daß Gase aus Atomen bestehen, die frei beweglich und weit voneinander entfernt sind. Deshalb können sich Gase zusammenziehen und ausdehnen. Er nannte Gase „elastische Flüssigkeiten“ und stellte sich ihre Atome wie diese Kreise vor.

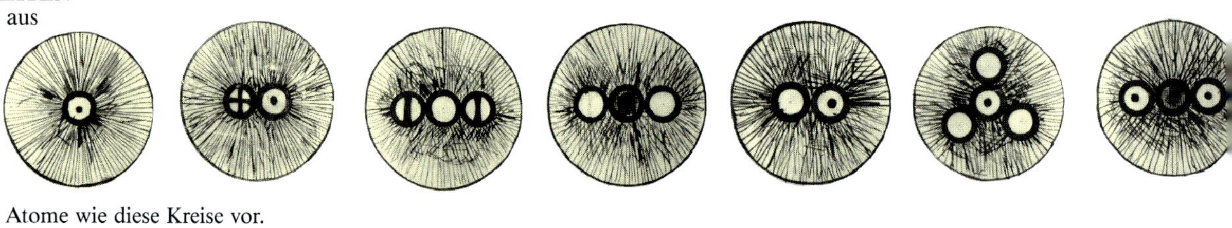

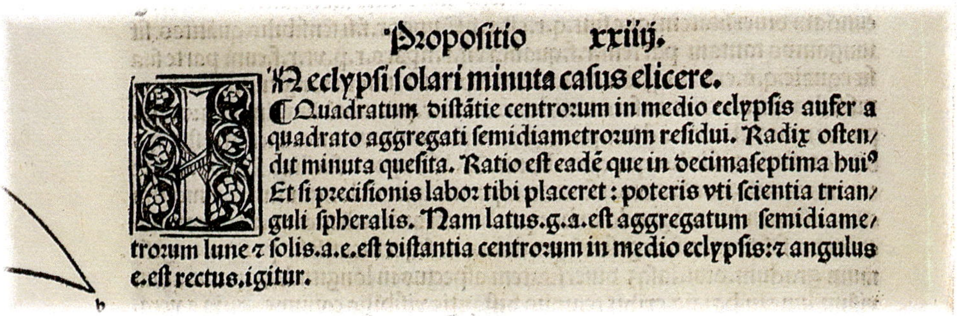

·Propoſitio xxiiij.
In eclypſi ſolari minuta caſus elicere.
Quadratum diſtātie centrorum in medio eclypſis aufer a quadrato aggregati ſemidiametrorum reſidui. Radix oſtendit minuta queſita. Ratio eſt eadē que in decimaſeptima hui⁹ Et ſi preciſionis labor tibi placeret: poteris vti ſcientia triangul ſpheralis. Nam latus.g.a.eſt aggregatum ſemidiametrorum lune & ſolis.a.e.eſt diſtantia centrorum in medio eclypſis: & angulus e.eſt rectus.igitur.

3 UNENDLICHE VIELFALT
Beim Lesen erkennt man einzelne Wörter, in einem ganzen Buch sind es zahllose verschiedene. Auch die genaue chemische Untersuchung zeigt, daß die Welt aus unvorstellbar vielen verschiedenen Stoffen besteht.

John Dalton

DALTONS ATOME UND ELEMENTE
1808 veröffentlichte John Dalton seine Atomtheorie. Danach sind die kleinsten Bausteine aller Stoffe unsichtbare Atome. Alle Atome eines Elements haben das gleiche Gewicht. Verbinden sich die Atome verschiedener Elemente in einem bestimmten Verhältnis miteinander, entstehen neue chemische Stoffe. Dalton glaubte, daß es 36 Elemente gibt (heute sind mehr als 100 bekannt). Er gab ihnen Symbole und führte sie in einer Tabelle (unten) auf, darunter auch Kalk und Soda, die jedoch chemische Verbindungen sind. Außerdem berechnete Dalton die Atomgewichte der Elemente im Verhältnis zum Gewicht des Wasserstoffatoms.

quadrato aggregati ſemidiametrorum reſidui. Radix oſten/
dit minuta queſita. Ratio eſt eadē que in decimaſeptima hui⁹
Et ſi preciſionis labor tibi placeret: poteris vti ſcientia trian/
guli ſpheralis. Nam latus.g.a.eſt aggregatum ſemidiame/

4 NAHAUFNAHME
Ein Mikroskop gibt Aufschluß über den Aufbau eines Stoffs, z.B. einer kristallinen Verbindung. Sie wiederum kann aus den verschiedensten Substanzen bestehen, vergleichbar einem Satz, der sich aus vielen einzelnen Wörtern zusammenfügt.

5 WORT FÜR WORT
Die „Wörter“ im „Buch der Welt“ entsprechen den Molekülen (S. 36–37), also Verbindungen verschiedener Atome. Dem Alphabet mit seinen 26 Buchstaben entspricht in unserem Beispiel das Periodensystem mit seinen Elementen, deren Atome sich zu Molekülen verbinden können.

ELEMENTS

Symbol	Element	Wt	Symbol	Element	Wt
⊙	Hydrogen	1		Strontian	46
	Azote	5		Barytes	68
●	Carbon	54	I	Iron	50
○	Oxygen	7	Z	Zinc	56
	Phosphorus	9	C	Copper	56
	Sulphur	13	L	Lead	90
	Magnesia	20	S	Silver	190
	Lime	24	G	Gold	190
	Soda	28	P	Platina	190
	Potash	42		Mercury	167

Die Elemente nach Daltons Theorie

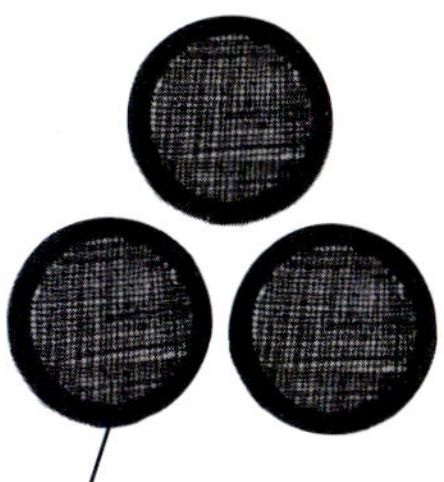

Daltons Modell vom Kohlenstoffatom

6 EINZELNE BUCHSTABEN
Die Buchstaben einer Druckseite entsprechen den Atomen: Buchstaben formen Wörter, miteinander verbundene Atome bilden Moleküle. Aus den Buchstaben des Alphabets kann man fast unendlich viele Wörter formen. Ähnlich verhält es sich mit den Atomen, die zahllose Verbindungen eingehen können. Aber: nicht alle Buchstabenkombinationen, die möglich sind, sind auch „erlaubt“, und nicht alle theoretisch möglichen Verbindungen von Atomen sind praktisch zu verwirklichen.

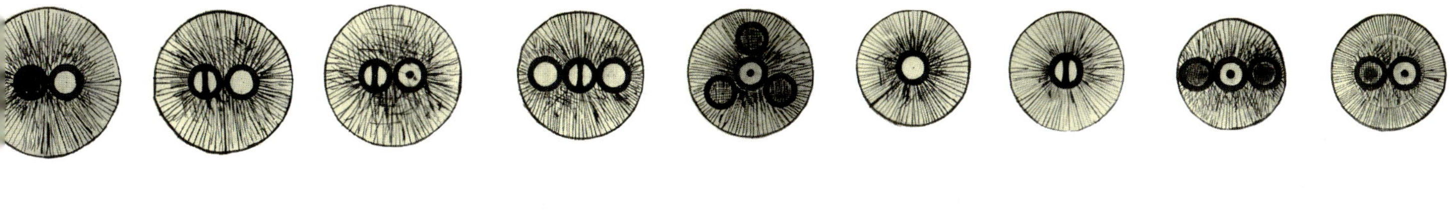

Moleküle

Molekülmodell des Methylchlorids, eines sehr giftigen Gases (19. Jh.)

Die kleinste Einheit eines Elements ist das Atom. Atome können sich zu Molekülen verbinden, den kleinsten Bausteinen chemischer Verbindungen. Wasser etwa setzt sich aus einem Sauerstoff- und zwei Wasserstoffatomen zusammen. Die chemische Formel dafür ist H_2O. Riesenmoleküle wie die Eiweiße können aber auch Millionen von Atomen enthalten. Mitte des 19. Jahrhunderts hatte man erkannt, daß die Art, wie Atome sich zu Molekülen verbinden, mit der chemischen Bindung erklärt werden kann. Sie ist wie ein Finger, der sich bei einem ähnlichen Finger eines anderen Atoms „einhakt". So hat ein Atom des Gases Stickstoff (N) drei Bindungen, Wasserstoff (H) nur eine. Hakt sich jeweils ein Wasserstoffatom bei den drei Bindungen des Stickstoffatoms ein, entsteht das Ammoniak-Molekül NH_3, ein stark riechendes Gas, das in der Natur z.B. bei Vulkanausbrüchen entweicht.

Ammoniak-Molekül (NH_3)

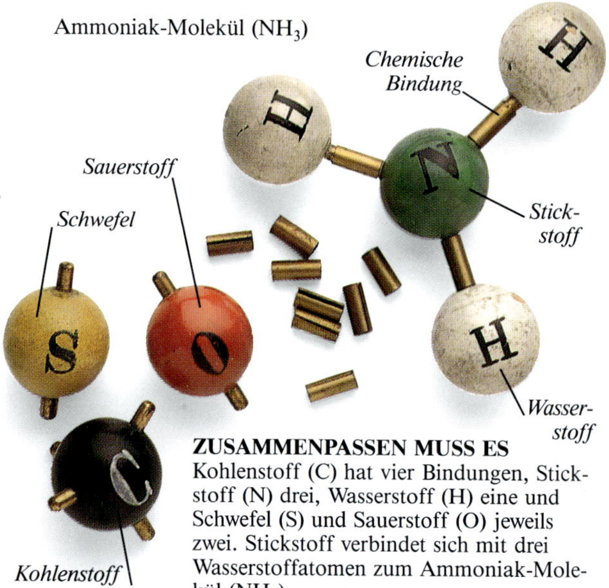

ZUSAMMENPASSEN MUSS ES
Kohlenstoff (C) hat vier Bindungen, Stickstoff (N) drei, Wasserstoff (H) eine und Schwefel (S) und Sauerstoff (O) jeweils zwei. Stickstoff verbindet sich mit drei Wasserstoffatomen zum Ammoniak-Molekül (NH_3).

Kalziumkarbonat-Molekül ($CaCO_3$)

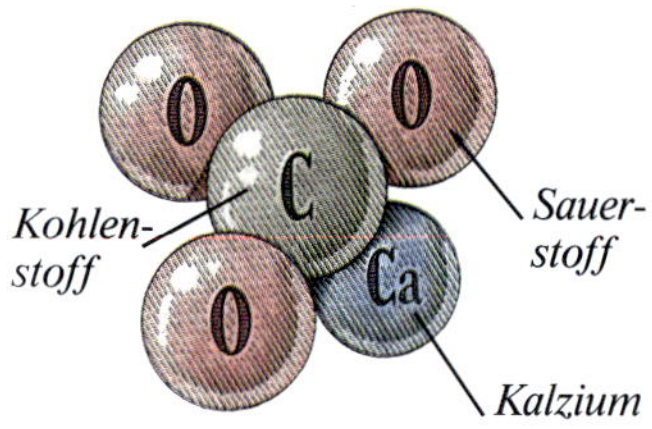

1 DER ROHSTOFF
Kalkstein ist ein gelbliches bis weißes Mineral, chemisch Kalziumkarbonat. Wie der Name sagt, besteht das Molekül aus Kalzium und Kohlenstoff, aber auch aus Sauerstoff. Jedes Kohlenstoffatom geht mit drei Sauerstoffatomen eine sehr feste Bindung ein. Diese Gruppe wiederum ist weniger fest mit dem Kalziumkarbonat verbunden.

ÜBERZEUGENDE IDEE
Der schwedische Chemiker Jöns Jacob Berzelius (1779–1848) kam als einer der ersten auf den Gedanken, daß elektrische Kräfte die Atome von Molekülen zusammenhalten (S. 60–61).

ITALIENS BEITRAG
Amedeo Avogadro (1776–1856) stellte 1811 das Gesetz auf, daß gleiche Volumen zweier verschiedener Gase bei gleichem Druck und gleicher Temperatur die gleiche Anzahl von Molekülen enthalten. Diesem Gedanken schenkte man rund 50 Jahre kaum Beachtung, bis ein anderer italienischer Chemiker, Stanislao Cannizzaro (1826–1910), in einer Veröffentlichung darauf hinwies. Das Avogadrosche Gesetz machte die Erklärung zahlreicher chemischer Reaktionen möglich.

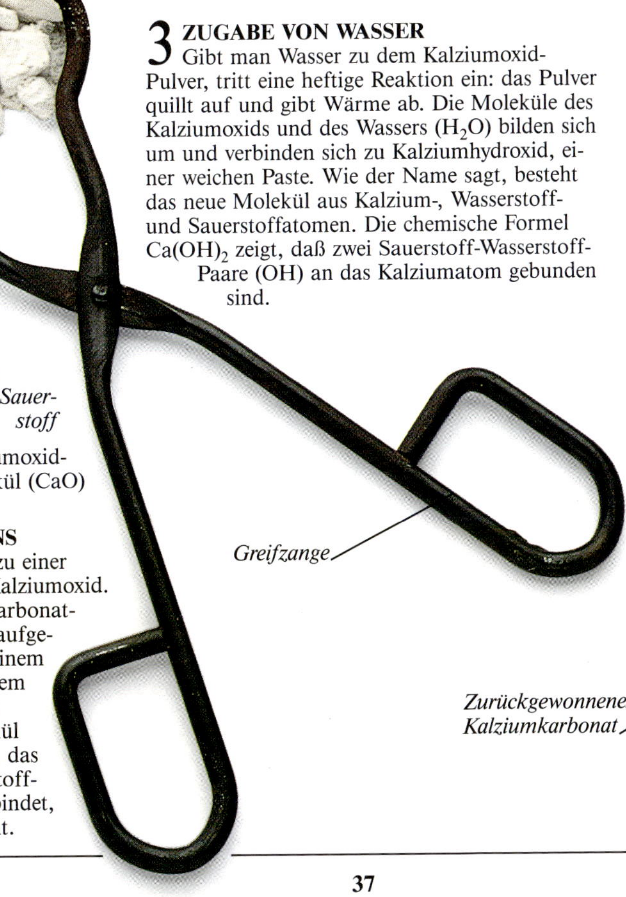

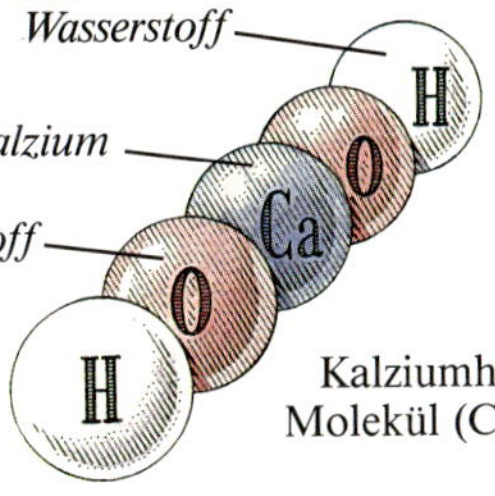

Kalziumhydroxid-Molekül ($Ca(OH)_2$)

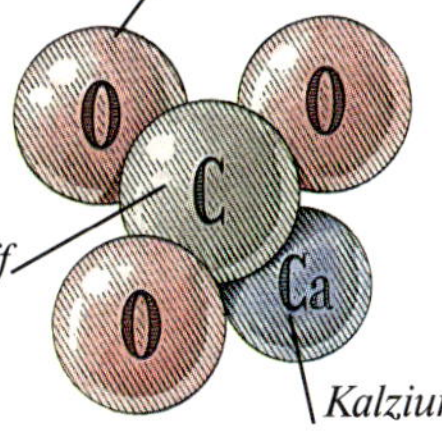

Kalziumkarbonat-Molekül ($CaCO_3$)

Kohlendioxid-Molekül (CO_2)

Kalziumoxid-Molekül (CaO)

2 ERHITZEN DES KALKSTEINS
Erhitzt man Kalkstein, wird er zu einer bröckeligen, pulverigen Masse, zu Kalziumoxid. Dies geschieht, weil jedes Kalziumkarbonat-Molekül in zwei kleinere Moleküle aufgespalten wird. Das eine besteht aus einem Kalziumatom (Ca), das sich mit einem Sauerstoffatom (O) zu Kalziumoxid (CaO) verbindet. Das andere Molekül besteht aus einem Kohlenstoffatom, das sich mit den beiden anderen Sauerstoffatomen zu Kohlendioxid (CO_2) verbindet, einem Gas, das in die Luft entweicht.

3 ZUGABE VON WASSER
Gibt man Wasser zu dem Kalziumoxid-Pulver, tritt eine heftige Reaktion ein: das Pulver quillt auf und gibt Wärme ab. Die Moleküle des Kalziumoxids und des Wassers (H_2O) bilden sich um und verbinden sich zu Kalziumhydroxid, einer weichen Paste. Wie der Name sagt, besteht das neue Molekül aus Kalzium-, Wasserstoff- und Sauerstoffatomen. Die chemische Formel $Ca(OH)_2$ zeigt, daß zwei Sauerstoff-Wasserstoff-Paare (OH) an das Kalziumatom gebunden sind.

4 WIEDER KALZIUMKARBONAT
Die Kalziumhydroxid-Paste trocknet und wird hart. Wassermoleküle (H_2O) entweichen, während Kohlendioxid-Moleküle (CO_2) aus der Luft gebunden werden. So wird aus Kalziumhydroxid ($Ca(OH)_2$) wieder Kalziumkarbonat ($CaCO_3$), chemisch identisch mit Kalkstein. Das so zurückgewonnene Kalziumkarbonat sieht allerdings anders aus als Kalkstein, weil es nicht vom hohen Druck der Gesteinsmassen geformt wurde.

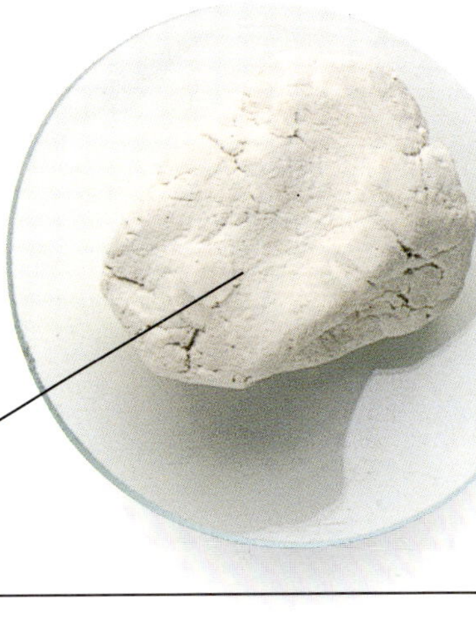

Moleküle in Bewegung

Stark vergrößerte Pollenkörner: der Schlüssel zum Verständnis der Molekularbewegung

Das Verhalten der Stoffe unter dem Einfluß von Wärme war ein zentrales Thema der frühen chemischen Forschung. Benjamin Rumford (1753–1814) beobachtete im Jahre 1799, daß beim Bohren von Kanonenläufen enorme Mengen von Wärme erzeugt werden. Er nahm an, daß sich die Metallatome beim Bohren schneller bewegen. Bestätigt wurde dies, als James Joule (1818–1889) zeigte, wieviel Arbeit erforderlich ist, um eine bestimmte Wärmemenge zu erzeugen (S. 39). Werden Körper z.B. durch Reibung erwärmt, wird die Bewegung der Atome oder Moleküle angeregt. Je schneller diese Bewegung ist, desto wärmer sind die Körper. Nun konnte man die Aggregatzustände von Körpern (S. 22–23) und ihre Veränderung durch Erwärmen erklären. Im Festkörper schwingen Moleküle im geordneten Verband um ihren Platz, in Flüssigkeiten verschieben sie sich gegeneinander (ziehen sich aber noch schwach an), und in Gasen bewegen sie sich ungeordnet und frei durch den Raum, wobei sie mit anderen Körpern zusammenstoßen.

POLLENTANZ
1827 beobachtete Robert Brown (1773–1858) Pollenkörner unter dem Mikroskop. Sie waren in einer Flüssigkeit verteilt und bewegten sich ständig. Er nahm an, daß die Bewegung von den Körnern selbst ausgeht. Erst Albert Einstein (S. 55) und Jean Perrin (1870–1942) konnten 1905 bzw. 1909 zeigen, daß sich die Pollenkörner durch Molekülstöße in ihrem Inneren bewegen.

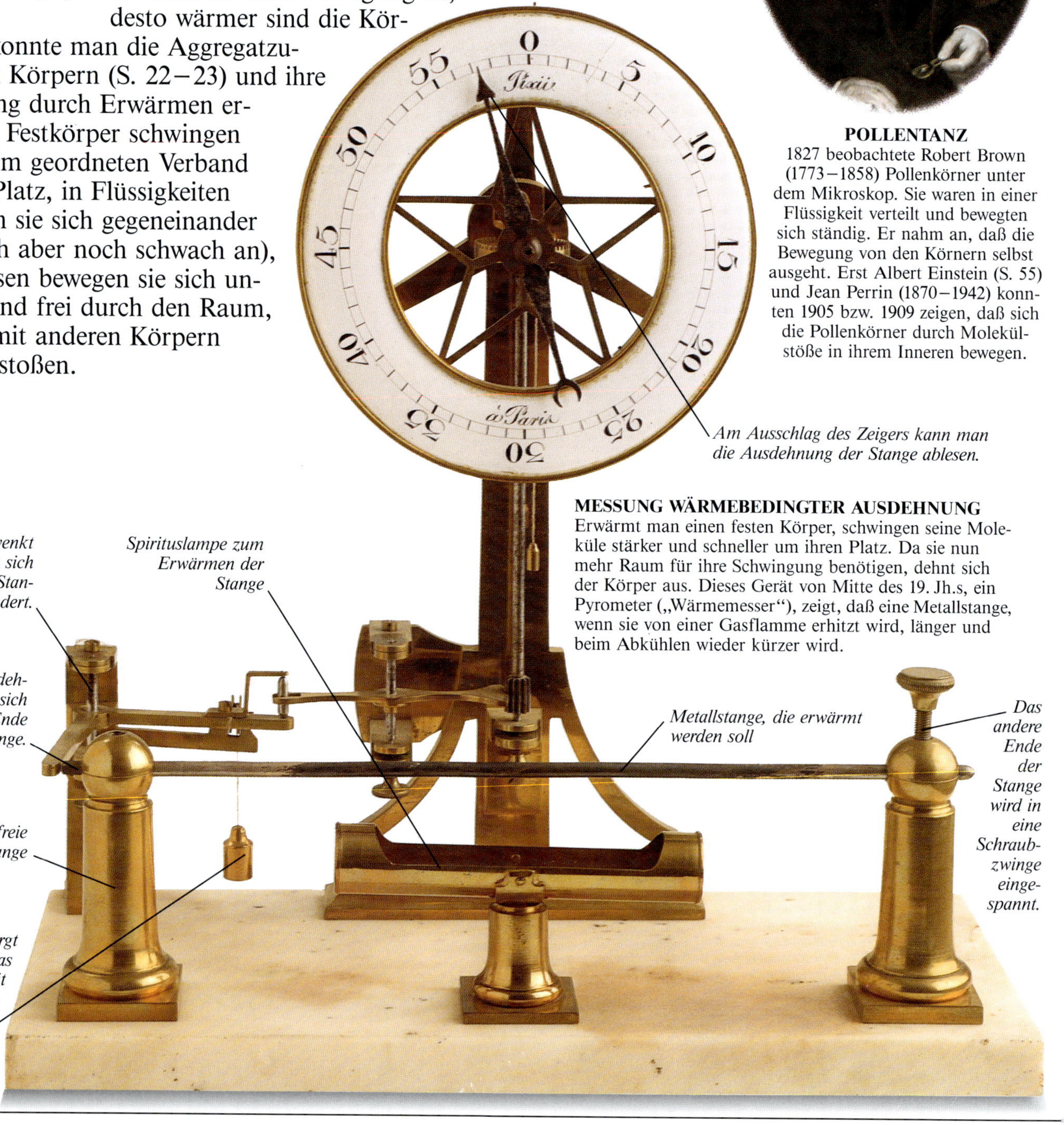

Am Ausschlag des Zeigers kann man die Ausdehnung der Stange ablesen.

MESSUNG WÄRMEBEDINGTER AUSDEHNUNG
Erwärmt man einen festen Körper, schwingen seine Moleküle stärker und schneller um ihren Platz. Da sie nun mehr Raum für ihre Schwingung benötigen, dehnt sich der Körper aus. Dieses Gerät von Mitte des 19. Jh.s, ein Pyrometer („Wärmemesser"), zeigt, daß eine Metallstange, wenn sie von einer Gasflamme erhitzt wird, länger und beim Abkühlen wieder kürzer wird.

Der Hebel schwenkt herum, wenn sich die Länge der Stange verändert.

Spirituslampe zum Erwärmen der Stange

Durch die Ausdehnung bewegt sich das freie Ende der Stange.

Metallstange, die erwärmt werden soll

Das andere Ende der Stange wird in eine Schraubzwinge eingespannt.

Stütze für das freie Ende der Stange

Das Gewicht sorgt dafür, daß das Hebelwerk mit der Stange verbunden bleibt.

WÄRMEQUIRL

In den 40er Jahren des 19. Jh.s verwendete James Joule diese Vorrichtung, um festzustellen, in welche Wärmemenge man ein bestimmtes Maß mechanischer Arbeit umwandeln kann. Die Arbeit wird durch ein Gewicht verrichtet, das eine Welle mit Schaufelrad in einem Wasserbehälter dreht. Durch die Reibung des Wassers wird die Bewegungsenergie in Wärme umgewandelt. Joule maß den Anstieg der Wassertemperatur und leitete daraus die erzeugte Wärmemenge ab. Seine Ergebnisse stützten die Theorie, daß Wärme die Bewegung von Molekülen ist.

TEMPERATURMESSUNG

Joule berechnete die „Austauschrate" zwischen mechanischer Arbeit und Wärme und zeigte, wie sich ein elektrischer Leiter beim Stromdurchgang erwärmt.

MOLEKÜLTANZ

Ludwig Boltzmann (1844–1906) vermutete als einer der ersten, daß sich die Moleküle von Gasen nicht mit einer für alle gleichen Geschwindigkeit, sondern in bestimmten Geschwindigkeitsbereichen bewegen. Nach seiner Theorie bewegen sich Gasmoleküle zwischen zwei Zusammenstößen unabhängig voneinander, gleichförmig und geradlinig, aber in unterschiedliche Richtungen.

NACH OBEN MOBIL

Gase füllen jeden Raum, der ihnen zur Verfügung steht. Hier ist das Gas Brom, das schwerer als Luft ist, im unteren Glaszylinder eingeschlossen. Wird die Trennscheibe entfernt, breitet es sich in den oberen Zylinder hinein aus.

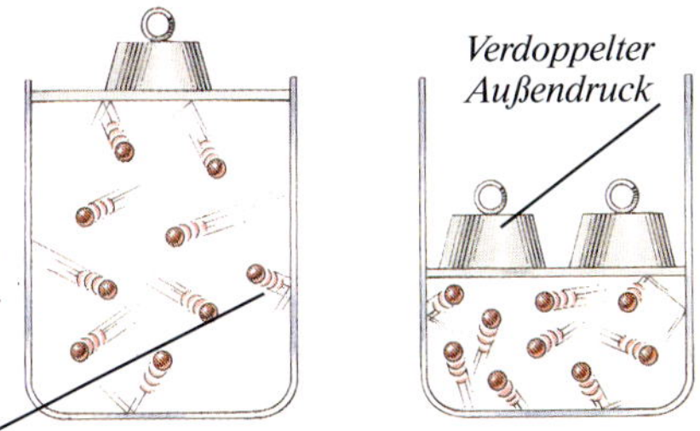

BOYLESCHES GESETZ

Boyle (S. 26) erkannte, daß Gase einen größeren Druck auf ihr Gefäß ausüben, wenn ihr Volumen verringert wird. Ursache: die Moleküle stoßen häufiger mit der Gefäßwand zusammen.

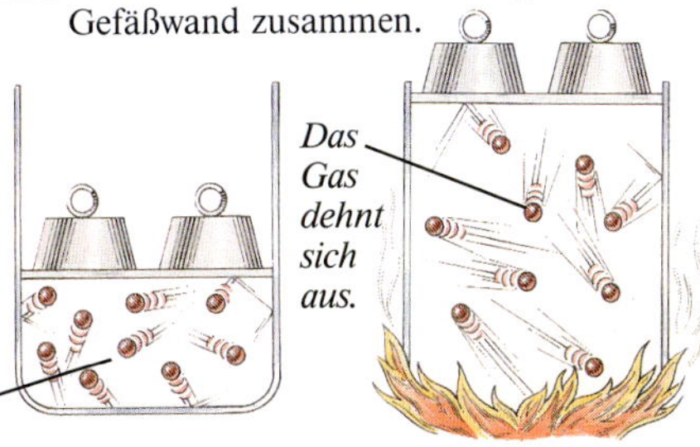

CHARLES'SCHES GESETZ

Charles (S. 21) erkannte, daß Gase sich ausdehnen und einen größeren Druck ausüben, wenn man sie erwärmt. Je höher die Temperatur, desto größer ist das Volumen bei konstantem Druck.

Molekülketten und -ringe

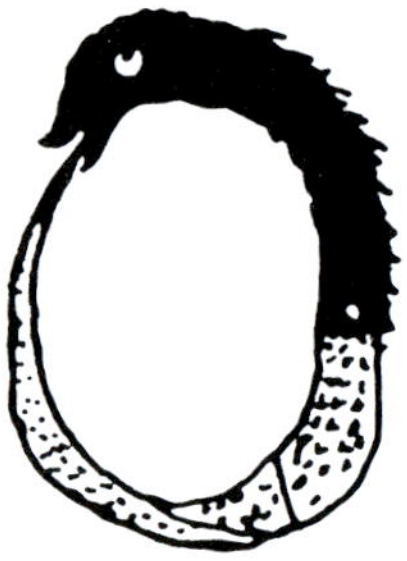

DER KREIS SCHLIESST SICH
Die Struktur des Benzolrings, eines Kohlenstoffmoleküls, erinnert an eine Schlange, die sich in den Schwanz beißt.

Kein anderes Element kann so viele und so vielgestaltige Verbindungen eingehen wie der Kohlenstoff. Heute sind rund 7 Millionen Kohlenstoffverbindungen bekannt gegenüber etwa 100.000 Verbindungen aller anderen Elemente zusammen. Da Kohlenstoff z.B. auch in Eiweißen, Zucker und Fetten vorkommt, ist er für alle Lebewesen unentbehrlich. Die Chemie der Kohlenstoffe wird deshalb organische Chemie genannt (S. 42–43). Kohlenstoffatome können sich wegen ihrer vier Bindungen untereinander leicht zu langen Molekülketten oder -ringen verbinden. Solche Ketten können durchgehend, aber auch verzweigt sein. Die Ringe, die der Kohlenstoff bilden kann, können sich wiederum mit anderen Ringen zu komplizierten Gebilden aus manchmal Tausenden von Atomen zusammensetzen.

VORGESCHICHTLICHER DRUCK
Kohle sind die „versteinerten" Überreste von Bäumen und anderen Pflanzen, die vor mehr als 300 Millionen Jahren in vorgeschichtlichen Sümpfen versanken. Unter dem gewaltigen anhaltenden Druck darüberliegender Gesteinsschichten wurden sie zu einer schwarzen, steinartigen Masse. Kohle enthält vor allem Kohlenstoff, aber auch Wasserstoff, Sauerstoff, Stickstoff und Schwefel. Da Kohlenstoff sich rasch mit dem Sauerstoff der Luft verbindet und verbrennt, wurde Kohle zu einer bedeutenden Energiequelle.

ZEICHENKOHLE
Man gewinnt Holzkohle, eine Form des Kohlenstoffs, wenn man organische Stoffe wie Holz, Knochen oder Zucker unter Luftabschluß stark erhitzt. Holzkohle ist weich und porös und wird deshalb gern als Zeichenkohle verwendet.

Benzol

RÄTSELHAFTES BENZOL
Durch starkes Erhitzen von Kohle kann man eine farblose Flüssigkeit gewinnen, das Benzol. Benzol ist der Grundkörper einer großen Zahl wichtiger Kohlenstoffverbindungen. Kekulé beschrieb das Benzol als Kohlenstoffring, mit dem sich Wasserstoffatome verbunden haben.

HERR DER RINGE
Friedrich Kekulé (1829–1896) versuchte lange herauszufinden, wie sich die sechs vierwertigen Kohlenstoffatome mit nur sechs einwertigen Wasserstoffatomen zum Benzolmolekül verbinden können. Angeblich soll ihm die Lösung im Traum eingefallen sein: ein Ring, in dem sich drei Paar Kohlenstoffatome mit einer Doppelbindung aneinanderketten.

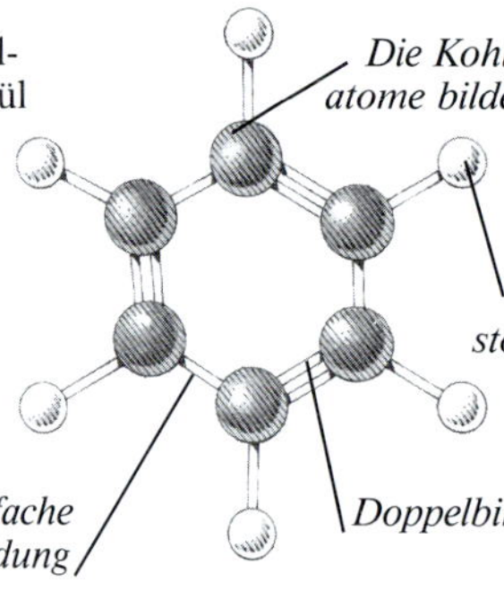

Graphit

SCHWARZ WIE DIE NACHT
Graphit, ein schwarzes, weiches Mineral, besteht aus reinem Kohlenstoff und läßt sich leicht zerreiben. Es ist der wichtigste Bestandteil unserer „Blei"stifte und wird oft als Schmiermittel verwendet.

Diamanten

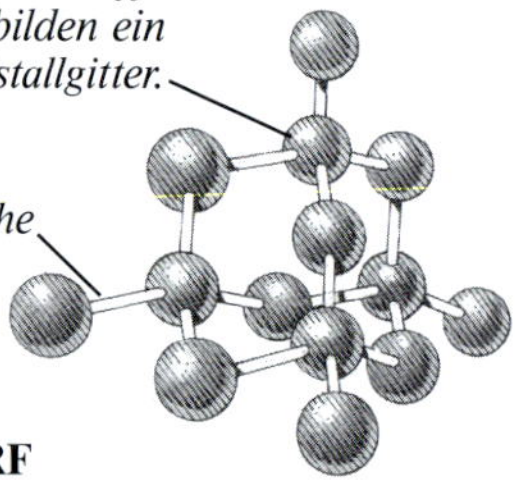

SCHÖN UND SCHARF
Diamant ist das härteste in der Natur vorkommende Material. Er wird nicht nur als Schmuckstein geschätzt, sondern auch industriell genutzt: für Bohr-, Schleif- und Schneidewerkzeuge. Wie Graphit besteht er aus reinem Kohlenstoff. Seine Atome verbinden sich hier aber zu einem sehr stabilen dreidimensionalen Kristallgitter. Dabei ist jedes Kohlenstoffatom durch vier einfache chemische Bindungen an vier „Nachbarn" gekoppelt.

FETTIG

Butter ist eine Mischung aus Fetten – das sind kohlenstoffhaltige Substanzen, die der Mensch braucht, um Energie zu speichern. Öle sind ähnliche Stoffe, nur in flüssiger Form.

REINIGEN MIT KOHLENSTOFF

Bei der Herstellung von Seife werden u.a. Fette verwendet, die aus Molekülketten mit 15 oder 17 Kohlenstoffatomen bestehen. Das eine Ende einer Kette verbindet sich mit Wasser, das andere mit den Molekülen von Ölen. Seife löst Öle deshalb in winzige, im Wasser schwebende Tröpfchen auf.

Brosche aus Jett

SCHWARZE SCHÖNHEIT

Jett (auch Gagat) ist ein braunkohleartiges Mineral, das vor allem aus Kohlenstoff besteht. Es ist tiefschwarz und glänzt wie Samt. Jett ist leicht zu bearbeiten und zu polieren und wird von alters her als Schmuckstein verwendet.

Benzin

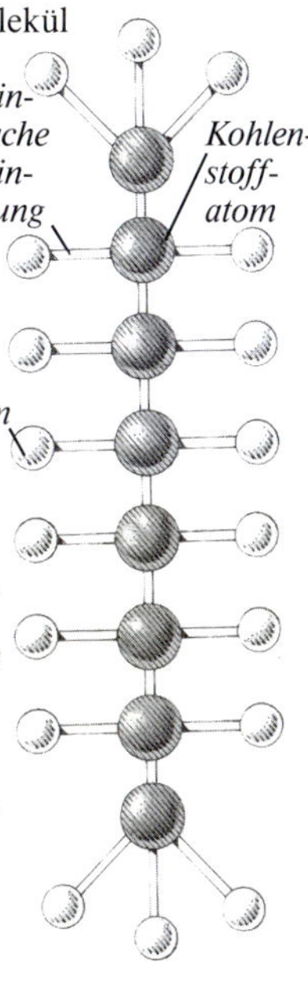

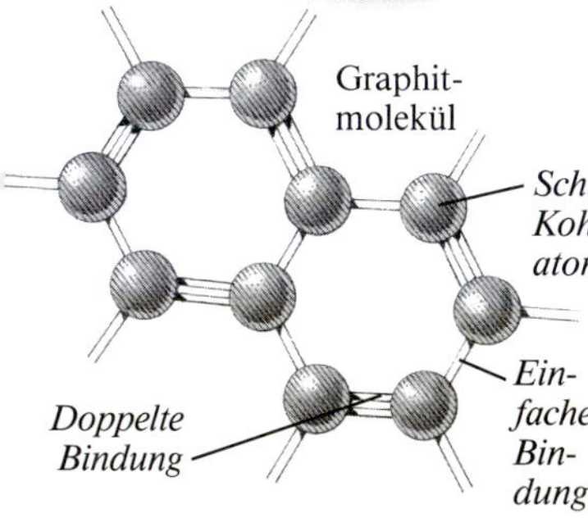

ATOMSCHICHTEN

Die Kohlenstoffatome des Graphits bilden in flachen Schichten übereinanderliegende Kristalle. Die Schichten sind nur lose untereinander verbunden und können deshalb leicht abgerieben werden.

KOHLENSTOFF-FUSSBÄLLE

Eine der interessantesten Formen von Kohlenstoff besteht aus kugelförmigen Gebilden, die an Fußbälle erinnern. Die Abbildung (oben) zeigt die einfachste Form, bei der jede Kugel aus 60 Atomen aufgebaut ist. Die Gebilde werden Buckminsterfullerene genannt nach dem Architekten Richard Buckminster Fuller (1895–1983), dessen Schalenkonstruktionen von Streben getragen werden, die wie die Nähte eines Fußballs angeordnet sind. Obwohl erst in jüngster Zeit entdeckt, sind Buckminsterfullerene weit verbreitet.

FLÜSSIGE KRAFT

Benzin besteht vor allem aus kettenförmigen Kohlenwasserstoff-Molekülen, die fünf bis zehn Kohlenstoffatome enthalten, z.B. Oktan (links). Benzin gewinnt man aus Erdöl, einem Rohstoff, der aus Ablagerungen pflanzlicher und tierischer Reste entstand.

Organische Stoffe

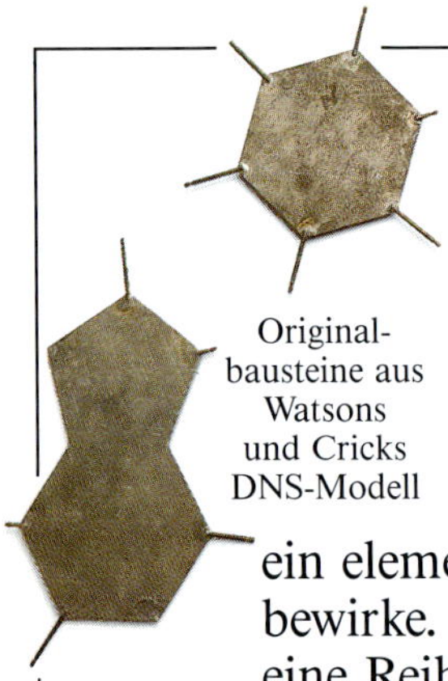

Original-bausteine aus Watsons und Cricks DNS-Modell

Tiere und Pflanzen sind verwirrend vielgestaltige Formen organischer Natur. Sie wachsen, pflanzen sich fort, bewegen sich und reagieren auf ihre Umgebung. Noch Ende des 19. Jahrhunderts glaubten viele Wissenschaftler an die „Lebenskraft“, ein elementares Prinzip, das die Lebenserscheinungen in den Organismen bewirke. Derartige Überzeugungen gerieten ins Wanken, als es gelang, eine Reihe „organischer“ Stoffe (die man zuvor nur in Lebewesen vermutet hatte) künstlich herzustellen und die Chemie der Lebensprozesse zu beschreiben. Lange Zeit hatte man geglaubt, daß sich kleine Organismen direkt aus verwesenden Lebewesen entwickeln, doch Louis Pasteur (1822–1895) zeigte, daß neues Leben nur aus lebenden Organismen entstehen kann. Noch nie hat man im Labor vermehrungsfähige höhere Lebensformen aus toter Materie „herstellen“ könne. So bleibt die Frage, wie sich das Leben auf der Erde aus dem „Urschleim“ lebloser Molekülmassen entwickeln konnte.

ANSTECKENDES LEBEN
Louis Pasteur fand heraus, daß Bakterien bei Mensch und Tier ansteckende Krankheiten hervorrufen können. Nach ihm ist das Pasteurisieren (Keimfreimachen) zur Haltbarmachung von Lebensmitteln (z.B. Milch) benannt. Schon bei Temperaturen von unter 100 °C werden vermehrungsfähige Organismen zu 90 bis 95% abgetötet.

HARNSTOFF ENTRÄTSELT
Als Meilenstein in der Geschichte der organischen Chemie gilt die künstliche Herstellung von Harnstoff, einer Stickstoffverbindung im Harn von Säugetieren. 1828 erzeugte Friedrich Wöhler (1800–1882) Harnstoff künstlich aus „anorganischem“ Ammoniak und Cyansäure.

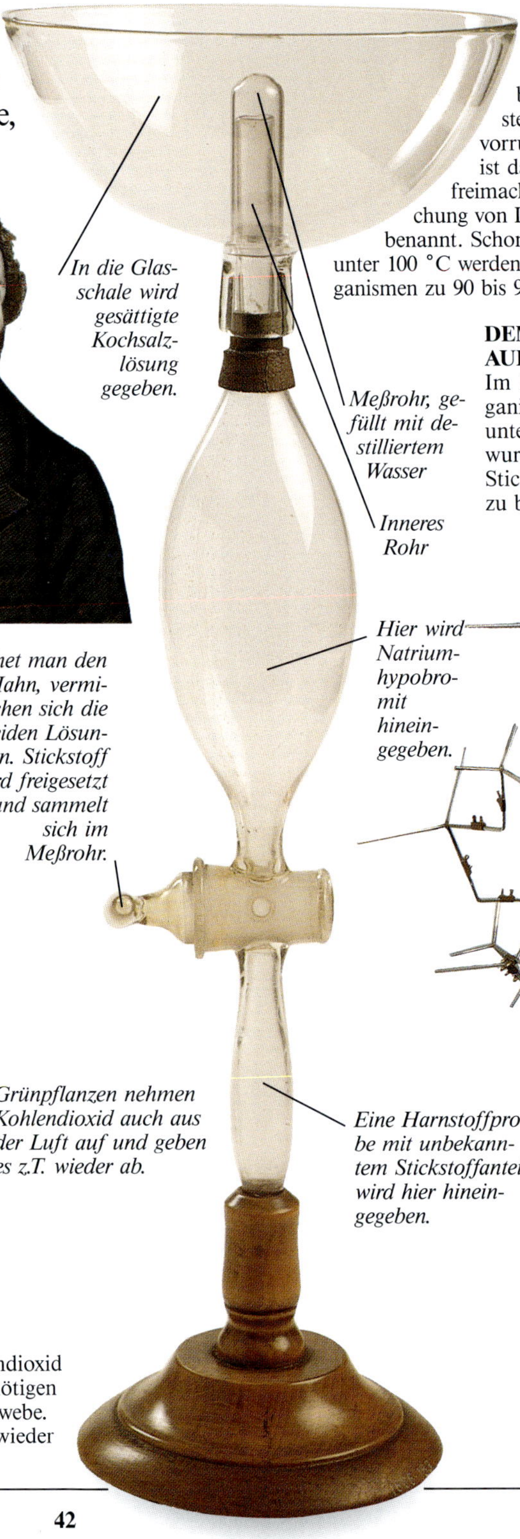

DEM ORGANISCHEN AUF DER SPUR
Im 19. Jh. begann man, organische Stoffe eingehend zu untersuchen. Dieser Apparat wurde verwendet, um den Stickstoffanteil im Harnstoff zu bestimmen.

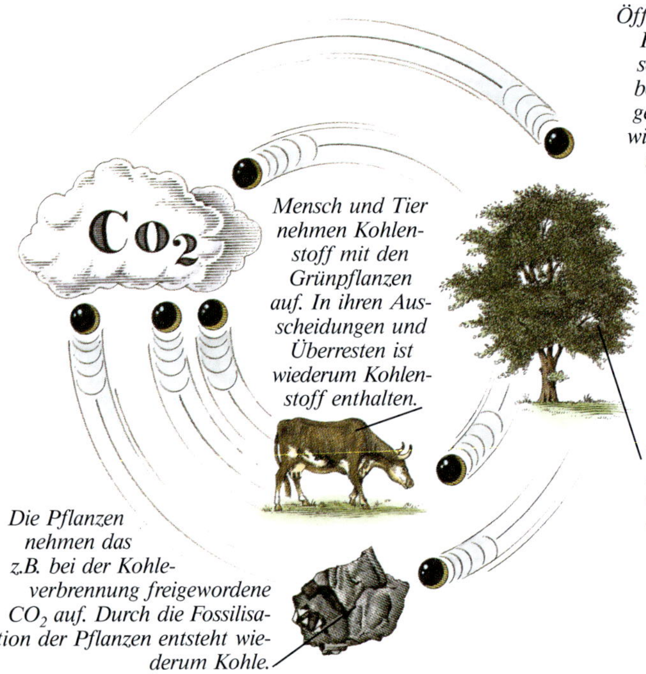

ENDLOSER KREISLAUF
Kohlenstoff ist das zentrale Element der organischen Natur. Im Kohlendioxid nehmen ihn die Grünpflanzen aus der Luft auf. Mensch und Tier benötigen den in den Pflanzen gespeicherten Kohlenstoff zum Aufbau ihrer Gewebe. Mit ihren Ausscheidungen und toten Überresten gelangt Kohlenstoff wieder in den Kreislauf zurück.

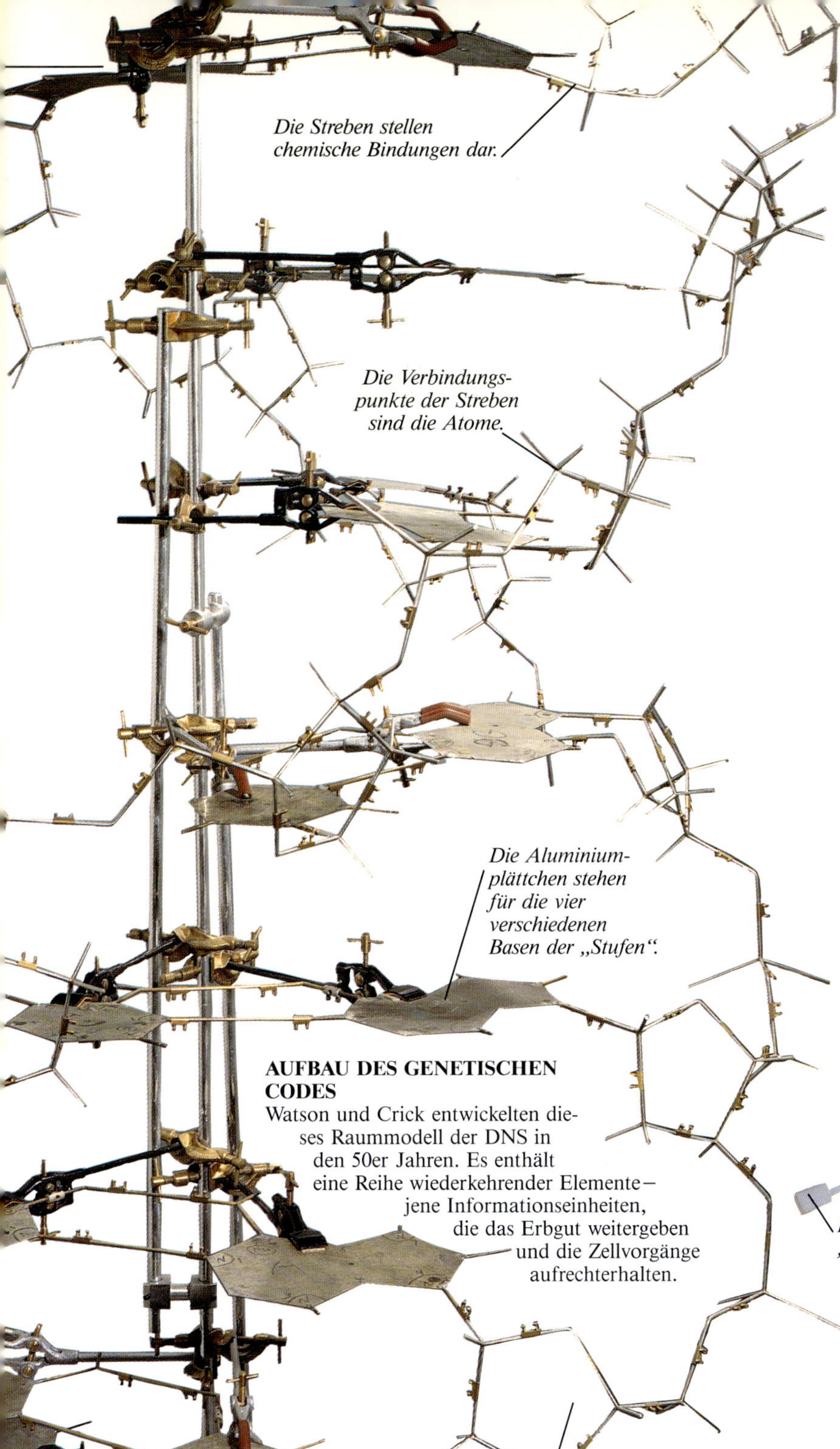

Die Streben stellen chemische Bindungen dar.

Die Verbindungspunkte der Streben sind die Atome.

Die Aluminiumplättchen stehen für die vier verschiedenen Basen der „Stufen“.

AUFBAU DES GENETISCHEN CODES
Watson und Crick entwickelten dieses Raummodell der DNS in den 50er Jahren. Es enthält eine Reihe wiederkehrender Elemente – jene Informationseinheiten, die das Erbgut weitergeben und die Zellvorgänge aufrechterhalten.

Die Moleküle einer Zuckerkette, die das „Rückgrat“ der DNS bildet, bestehen aus fünfseitigen Atomgruppen.

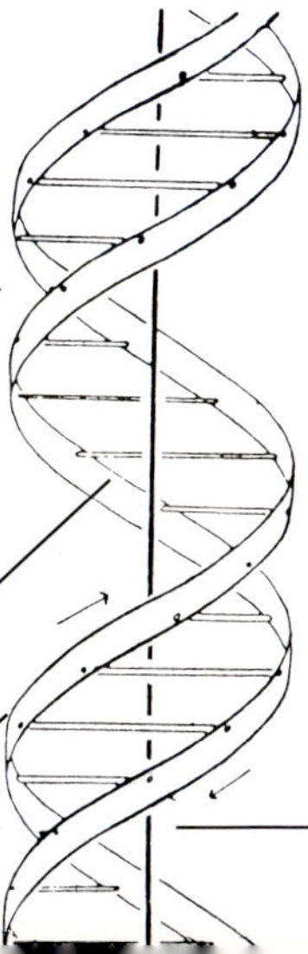

DNS-Doppelhelix

Zur Weitergabe der Erbinformation wird eine Kopie der DNS angefertigt.

Aufgerollt wäre die DNS-Kette einer Säugetierzelle rund 2 m lang.

ERBINFORMATIONEN ENTSCHLÜSSELT
1953 entzifferten James Watson (geb. 1928) und Francis Crick (geb. 1916) den Bauplan des Lebens. In den Molekülen der DNS (Desoxyribonukleinsäure), die in jeder Zelle enthalten ist, sind alle Erbinformationen verschlüsselt. Die DNS besteht aus zwei miteinander verdrillten Ketten, die wie eine spiralförmige Leiter aufgebaut sind (Doppelhelix). Die „Stufen“ entsprechen Kombinationen bestimmter Aminosäuren, die den „genetischen Code“ tragen.

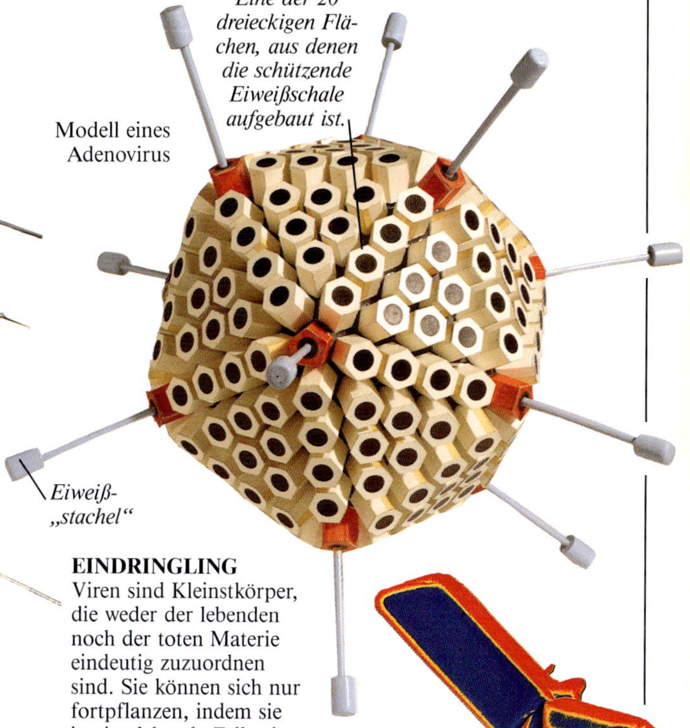

Eine der 20 dreieckigen Flächen, aus denen die schützende Eiweißschale aufgebaut ist.

Modell eines Adenovirus

Eiweiß-„stachel“

EINDRINGLING
Viren sind Kleinstkörper, die weder der lebenden noch der toten Materie eindeutig zuzuordnen sind. Sie können sich nur fortpflanzen, indem sie in eine lebende Zelle eindringen und deren DNS verändern. Dadurch wird die Zelle zur „Fabrik“ für neue Viren.

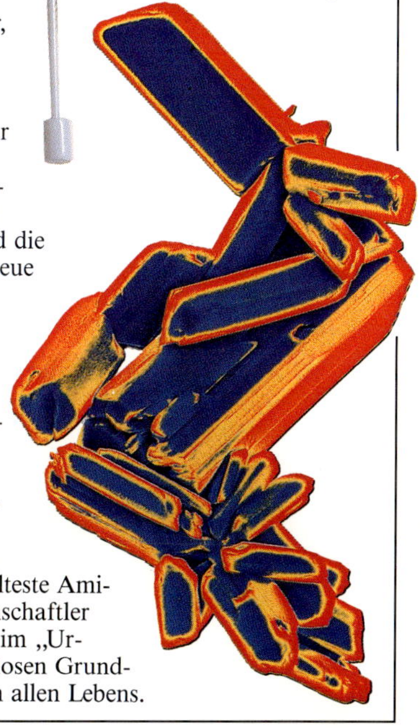

ÄLTESTE AMINOSÄURE
Es gibt rund 20 verschiedene Aminosäuren, die sich in allen Lebewesen finden. Die stark vergrößerten Kristalle (rechts) sind Glycin, die einfachste und wahrscheinlich älteste Aminosäure. Manche Wissenschaftler nehmen an, daß sie sich im „Urschleim“ bildete, der leblosen Grundsubstanz vor dem Beginn allen Lebens.

Molekülkonstruktion

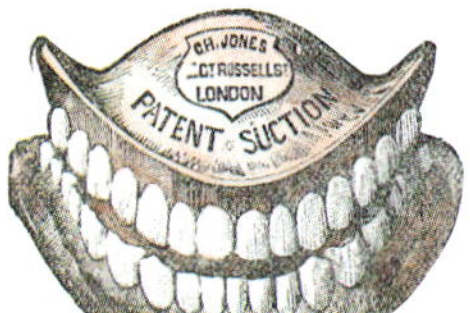

Künstliches Gebiß (um 1870)

Seit Mitte des 19. Jahrhunderts werden die Erkenntnisse der organischen Chemie (S. 42–44) genutzt, um künstliche Werkstoffe mit Eigenschaften herzustellen, die denen von Naturstoffen oft überlegen sind. Bereits 1839 entwickelte man ein Verfahren zum Härten von Naturkautschuk, das Vulkanisieren (Wärmebehandlung mit Schwefel). 1855 wurde das Zelluloid, eine Erfindung von Alexander Parkes (1813–1890), patentiert. 1884 erfand Hilaire de Chardonnet (1839–1924) das Reyon, die erste Kunstfaser, die eine ähnliche Struktur wie Seide aufwies. Den ersten vollständig aus künstlichen Ausgangsstoffen hergestellten Kunststoff, das Bakelit, entwickelte zwischen 1905 und 1910 Leo Baekeland (1863–1944). Kunststoffe sind Polymere, deren Moleküle aus riesigen Molekülketten bestehen. Solche Ketten kann nur der Kohlenstoff bilden, der Grundbaustein aller Kunststoffe. Zahlreiche Kunststoffe sind bei niedrigen Temperaturen leicht formbar und haben ein geringes Gewicht. Viele reagieren nicht mit anderen Stoffen und werden deshalb z.B. in der Medizin verwendet. Der Nachteil der meisten Kunststoffe: sie zersetzen sich nicht und vergrößern daher die Müllberge.

Mattes Bakelit

BAEKELANDS BAKELIT
Der Amerikaner Leo Baekeland erforschte im Jahre 1905 die Reaktionen zwischen Phenol und Formaldehyd. Auf dieser Basis entwickelte er ein Kunstharz, das nach ihm benannte Bakelit.

EBENHOLZ-IMITAT
Dieses Saxophonmundstück wurde aus Ebonit hergestellt, einem aus Kautschuk gewonnenen Hartgummi. Es wird auch für elektrotechnische Artikel verwendet.

Ebonit sieht aus wie Ebenholz (engl. ebony).

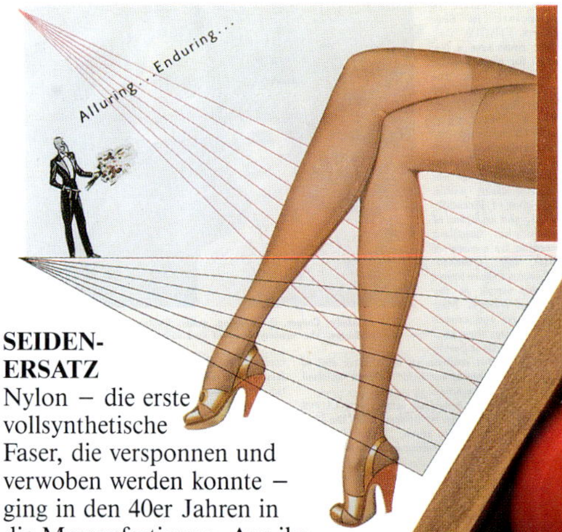

SEIDENERSATZ
Nylon – die erste vollsynthetische Faser, die versponnen und verwoben werden konnte – ging in den 40er Jahren in die Massenfertigung. Aus ihr wurden vor allem Strümpfe und Unterwäsche hergestellt.

Haartrockner aus Bakelit

GUMMI
Isoprenkautschuk wurde 1892 entwickelt; er ist widerstandsfähiger als Naturkautschuk. Für die Alliierten im Zweiten Weltkrieg gewann er große Bedeutung, als sie die Kautschukplantagen in Südostasien besetzten.

Isoprenproben

HART, ABER BIEGSAM
Diese Poolbillard-Kugeln bestehen aus Zelluloid, das durch Weichmacher verschiedene Härtegrade erhalten kann. Früher wurde es auch als Fotofilmmaterial verwendet.

BALATA-BALL
Balata ist ein kautschukähnlicher Stoff aus dem Milchsaft einer Pflanze, der weniger elastisch, dafür aber härter als Gummi ist. Früher wurde er z.B. für Golfbälle verwendet. Wegen seiner Seltenheit ersetzt man ihn heute durch Kunststoffe.

Die Hülle des Golfballs ist aus Balata.

PLASTIKTELLER
Bandelasta ist ein wärmegehärteter Kunststoff. Hartplastik (sogenannte Duroplaste) wurde bei der Herstellung erhitzt und ist nach dem Abkühlen durch Hitze nicht mehr zu erweichen.

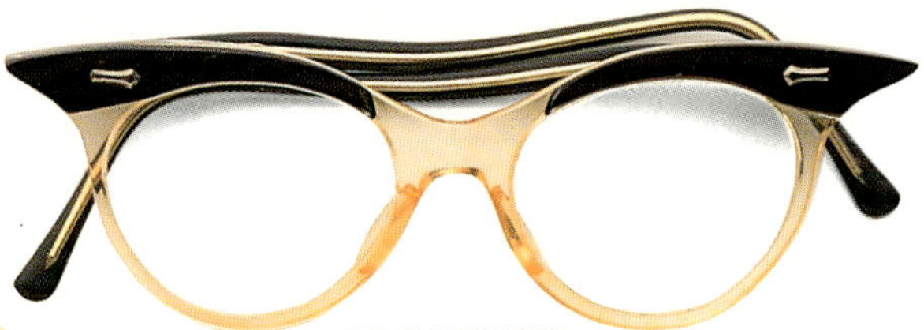

IM RAHMEN
Eine feste, hochdichte Form von Polyäthylen wird u.a. für Brillengestelle verwendet. Im übrigen ist Polyäthylen als Material für Plastiktüten bekannt.

MARMORFÜLLER
Kunststoffe verbilligen die Herstellung vieler Gebrauchsgegenstände. Der Marmoreffekt bei solchen Füllhaltern entsteht durch Mischen verschiedenfarbiger Kunststoffe.

PLASTIKWAHRZEICHEN
Das berühmte Wahrzeichen der französischen Firma Michelin wirbt für Autoreifen. Ein Reifenmantel besteht zum großen Teil aus vulkanisiertem Kautschuk.

Leicht marmoriertes Bakelit

HEISSE LUFT
Kunstharz-Preßmassen wie Bakelit wurden häufig als Wärme- und elektrische Isolatoren verwendet, so z.B. bei diesem Haartrockner aus den 30er Jahren.

PROBEAUFNAHMEN
Oben ist ein Enkephalin-Molekül abgebildet, ein Eiweißstoff, der im menschlichen Gehirn gebildet wird und die Schmerzempfindung blockiert. Die Atomgruppen sind farbig unterlegt und im richtigen Größenverhältnis dargestellt. Mit Hilfe des Computers kann man ihre Position verändern oder neue Gruppen hinzufügen. Die Daten der zwischen den Atomen wirkenden Kräfte (S. 60–61) sind gespeichert, so daß nicht mögliche Gruppierungen vermieden werden. So kann man heute neue Verbindungen zeit- und kostensparend per Simulation testen.

Radioaktivität

BECQUERELS STRAHLEN
Bei der Untersuchung von Uranmineralen stieß Antoine Becquerel (1852–1908) auf eine bis dahin unbekannte Strahlung. 1896 stellte er fest, daß die Kristalle dieses Minerals einen fotografischen Film auch unter Lichtabschluß belichten können – Becquerel hatte strahlende Materie entdeckt.

Die Vorstellung, daß das Atom unteilbar und unveränderlich sei, mußte gegen Ende des 19. Jahrhunderts aufgegeben werden. Dazu hatte die Entdeckung der Radioaktivität geführt. Radioaktivität ist die Eigenschaft gewisser Elemente, unsichtbare Strahlen auszusenden und dabei zu zerfallen (natürliche Radioaktivität), ohne daß sie von außen chemisch oder physikalisch beeinflußt werden. Bei diesem Vorgang wandelt sich z.B. Radium über viele Zwischenstufen wie Uran und Polonium schließlich in Blei um. Man unterscheidet drei Arten von Strahlung, deren Natur erst Ernest Rutherford (1871–1937) zu klären vermochte: Alphastrahlen sind positiv geladene Heliumatome ohne Elektronen (S. 48–49), Betastrahlen sind negativ geladene Elektronen. Bei der Entstehung dieser beiden Strahlenarten tritt außerdem die Gammastrahlung auf, keine Teilchen-, sondern eine Wellenstrahlung mit Eigenschaften wie Licht- oder Röntgenstrahlen. Damit war erwiesen, daß es eine Umwandlung von Elementen tatsächlich gibt – der alte Traum der Alchimisten. Heute ist man sich der Bedeutung und auch der Gefahren der Radioaktivität bewußt. Strahlen können organisches Gewebe zerstören, werden aber auch in der Medizin (Röntgenuntersuchungen u.a.) oder in der Archäologie (Altersbestimmung von Funden) genutzt.

Karikatur des Ehepaars Curie

DOPPELTE WISSBEGIERDE
Marie Curie (1867–1934) stellte zusammen mit ihrem Mann Pierre (1859–1906) fest, daß das Uranerz Pechblende weitaus stärker strahlt als reines Uran. Sie schlossen daraus, daß darin ein weiterer, hoch radioaktiver Stoff enthalten sein müßte. 1902, nach vierjähriger harter Arbeit, konnte Marie Curie winzige Mengen zweier neuer Elemente gewinnen: Polonium und Radium. Die Curies wußten im Vergleich zu heute wenig über gefährliche Strahlen – Marie Curie starb an Leukämie (Blutkrebs). Die hohe Strahlendosis, der sie ständig ausgesetzt war, läßt sich an diesem Glaskolben (rechts) erkennen – die Strahlen färbten das zuvor klare Glas blau.

Glaskolben aus Marie Curies Labor

URANERZ
Pechblende ist ein schwarzbraunes Mineral, das früher für wertlos gehalten wurde und heute der wichtigste Rohstoff für die Uran- und Radiumgewinnung ist. Die darin vorkommenden Urankristalle sind Verbindungen von Uran mit Sauerstoff (UO_2), Uranitit genannt.

SPINTHARISKOP
William Crookes (S. 48) konstruierte das Spinthariskop, mit dem Alphateilchen nachgewiesen werden konnten. Die Teilchen trafen auf einen mit Zinksulfid beschichteten Schirm. Es entstanden winzige Lichtblitze, die Crookes durch das Okular betrachtete und zählte.

GEIGERZÄHLER

1913 entwickelte Hans Geiger (1882–1945) ein Zählrohr, das vor allem dazu diente, Betateilchen zu zählen. Bei dem rechts abgebildeten Geigerzähler von 1932 wird ein Gas unter niedrigem Druck in einem Kupferzylinder eingeschlossen. Entlang der Mittelachse wird ein Draht gespannt, anschließend an Draht und Zylinder eine Spannung gelegt. Dringen z.B. Betateilchen durch die Öffnung in das Zählrohr, wird das Gas ionisiert und damit leitend. Es kommt zu Entladungen, die hörbar gemacht und gezählt werden.

STRAHLENDES GESTEIN

Im Gestein der Erdkruste sind winzige Mengen radioaktiver Stoffe enthalten, die für die natürliche „Umgebungsstrahlung“ verantwortlich sind. Ebenso gelangt kosmische Strahlung aus dem Weltraum zu uns. Beide Strahlungsarten sind aber so schwach, daß sie in der Regel keine Gesundheitsschäden hervorrufen.

RADIOAKTIVE LÖSUNG

Diese Flüssigkeit, Uranylnitrat, verwendete der britische Chemiker Frederick Soddy bei seinen Studien zur Umwandlung von Elementen. Da sie Uran und Radium enthält, ist sie hoch radioaktiv. Die gelbe Farbe ist typisch für Uranverbindungen.

Laut Beschriftung enthält die Lösung 255 g reines Uran und 16 x 10^{-12} g Radium.

PHYSIKER BEI DER ARBEIT

Ernest Rutherford (rechts) und Hans Geiger in ihrem Labor an der Universität Manchester mit Geräten zum Nachweis von Alphateilchen (um 1908). Geiger und Rutherford erkannten, daß Alphateilchen Heliumatomkerne sind.

Ausschnitt des Abdrucks auf dem Grabtuch

RADIOAKTIVE ALTERSBESTIMMUNG

Es heißt, der Leichnam des gekreuzigten Christus sei in ein Grabtuch gewickelt worden. Im Dom von Turin wird ein Grabtuch mit dem Abdruck eines menschlichen Körpers aufbewahrt, das als Grabtuch Jesu verehrt wird. Untersuchungen einer radioaktiven Kohlenstoffart, die dem Tuch entnommen wurde, haben ergeben, daß das Tuch aus dem Mittelalter stammt.

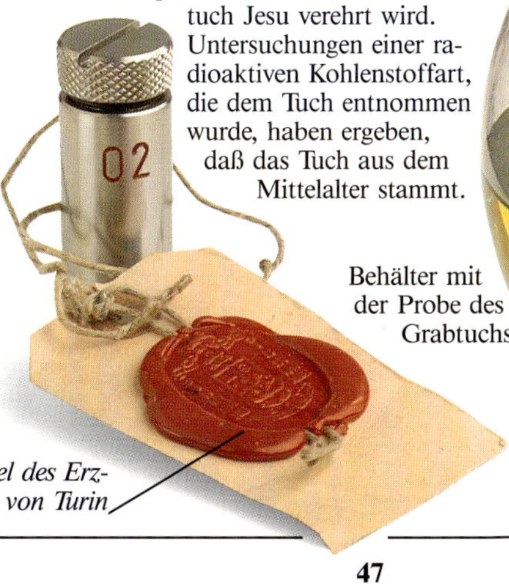

Behälter mit der Probe des Grabtuchs

Erste Atommodelle

GEHEIMNISVOLLE STRAHLEN
William Crookes (1832–1919) erforschte elektrische Entladungen in verdünnten Gasen. Dazu baute er einfache Glasröhren, deren negativer Pol beim Erhitzen Elektronen aussendet (später Crookessche Röhre genannt). Hindernisse im Strahlengang bewiesen, daß sich die Strahlen nur vom negativen zum positiven Pol (Anode) bewegen. Daraus, daß sie ein winziges Rad in Drehung versetzen konnten, schloß Crookes, daß die Strahlen aus geladenen Teilchen bestehen.

Einen ersten wichtigen Hinweis auf den Bau der Atome lieferten 1897 die Versuche J. J. Thomsons (1856–1940) mit Kathodenstrahlen. Das sind Strahlen, die von einer negativ geladenen Elektrode ausgesandt werden und durch eine mit verdünntem Gas gefüllte Glasröhre gehen. Thomson entdeckte, daß diese Strahlen aus Teilchen bestehen, die kleiner als Atome sind. Die Teilchen, von Thomson Korpuskeln und später Elektronen genannt, waren negativ geladen (sie bewegten sich zum positiven Pol der Röhre) und rund 2000stel so leicht wie ein Wasserstoffatom. Unabhängig von der Art des Gases oder des Metalls der Elektroden waren die Teilchen immer gleich. Also mußten Elektronen in allen Stoffen vorkommen. Außerdem folgte daraus, daß Atome auch eine positive Ladung tragen müssen, um die negative der Elektronen auszugleichen. Ernest Rutherford (S. 46–47) „beschoß" Atome mit radioaktiven Strahlen und stellte fest, daß sich die positive Ladung in einem winzigen Atomkern konzentrieren muß. Er leitete daraus ein Atommodell ab, das einem Sonnensystem gleicht: Die Elektronen, die um den Kern kreisen, entsprechen den Planeten, die sich um die Sonne bewegen.

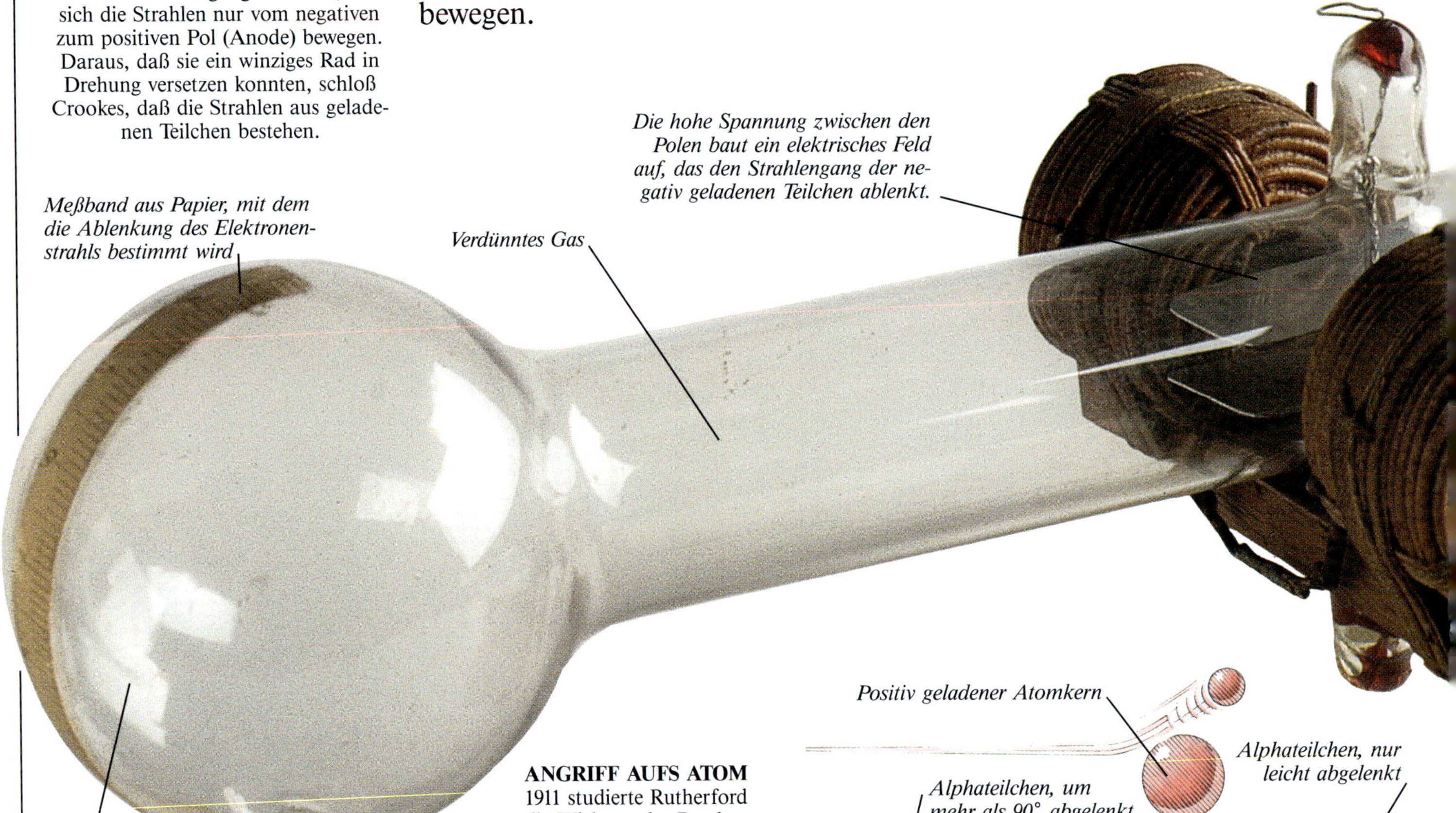

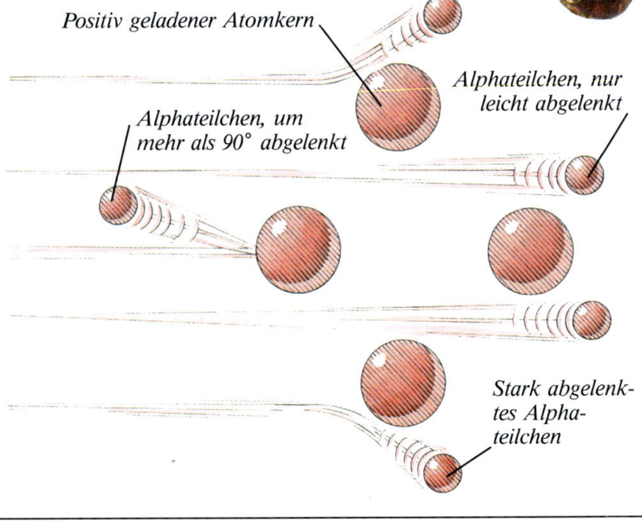

ANGRIFF AUFS ATOM
1911 studierte Rutherford die Wirkung des Beschusses von dünner Gold- und Platinfolie mit Alphastrahlen, also den positiv geladenen Teilchen, die von bestimmten radioaktiven Stoffen (S. 46–47) ausgesandt werden. Die meisten Teilchen durchdrangen die Folie, nur rund jedes 8000ste wurde um mehr als 90° abgelenkt. Rutherford erklärte dies mit der Dichte des winzigen Atomkerns, des positiv geladenen Zentrums des Atoms.

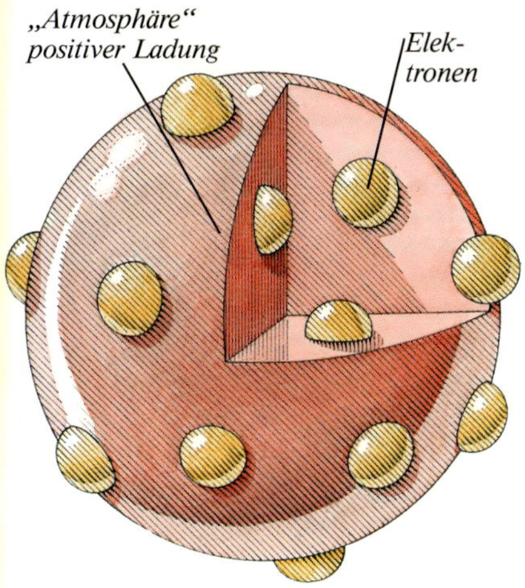

DAS ROSINENKUCHEN-MODELL
Nach Thomsons Theorie besteht jedes Atom aus einer bestimmten Anzahl von Elektronen und einer positiven Ladung, welche die negative Ladung der Elektronen ausgleicht. Er dachte sich die Atome als kleine Kugeln, in denen die Elektronen wie die Rosinen in einem Kuchen eingebettet sind.

THOMSONS ENTDECKUNGEN
J. J. Thomson wollte ursprünglich Eisenbahningenieur werden und wurde schließlich ein ausgezeichneter Physiker. Seine Versuche mit Kathodenstrahlröhren waren so erfolgreich, weil es ihm gelang, die Gase in der von ihm abgewandelten Crookesschen Röhre stark zu verdünnen. Seine Entdeckung des Elektrons, des „Trägers“ des elektrischen Stroms, revolutionierte alle Theorien über Elektrizität und Atome. Außerdem wies er Isotope (S. 52–53) nach – Atome des gleichen chemischen Elements mit unterschiedlichem Atomgewicht.

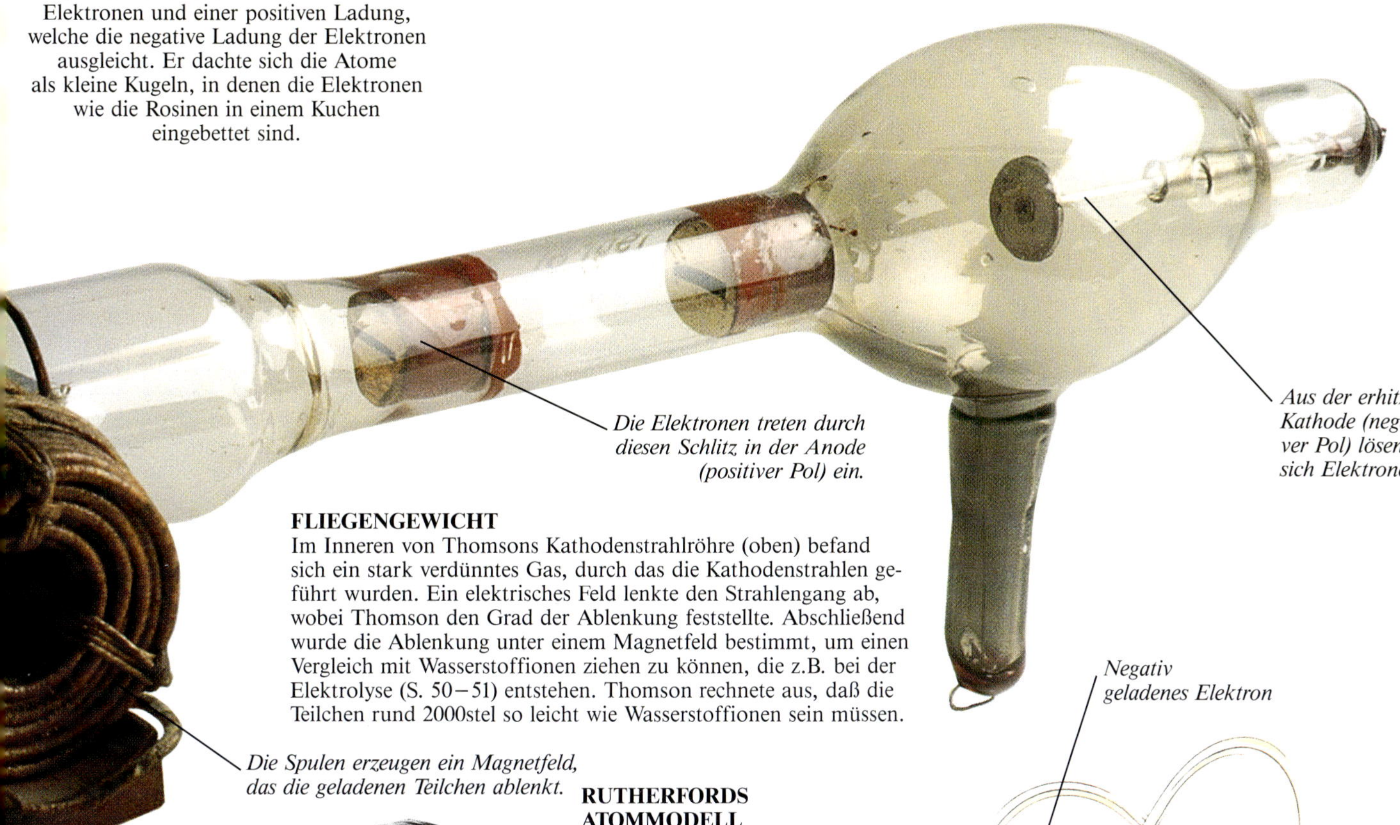

FLIEGENGEWICHT
Im Inneren von Thomsons Kathodenstrahlröhre (oben) befand sich ein stark verdünntes Gas, durch das die Kathodenstrahlen geführt wurden. Ein elektrisches Feld lenkte den Strahlengang ab, wobei Thomson den Grad der Ablenkung feststellte. Abschließend wurde die Ablenkung unter einem Magnetfeld bestimmt, um einen Vergleich mit Wasserstoffionen ziehen zu können, die z.B. bei der Elektrolyse (S. 50–51) entstehen. Thomson rechnete aus, daß die Teilchen rund 2000stel so leicht wie Wasserstoffionen sein müssen.

RUTHERFORDS ATOMMODELL
Mit Rutherfords Streuversuchen und der Ablenkung von Alphateilchen wurde der Bau der Atome klarer. In seinem Atommodell bewegen sich die negativ geladenen Elektronen in „Umlaufbahnen“ um den positiv geladenen, dichten Atomkern. Allerdings widerspricht das den Gesetzen der klassischen Theorie der elektromagnetischen Erscheinungen. Danach müßten die Atome in einem Ausbruch elektromagnetischer Strahlung in sich zusammenfallen. (Nach heutigen Modellen tritt dies nicht ein, weil Elektronen nur bestimmte „erlaubte“ Energiewerte haben, S. 50–51).

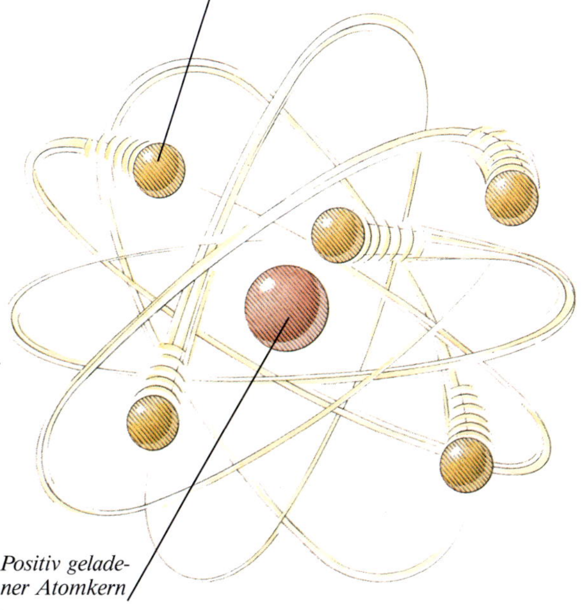

RUTHERFORDS ENTDECKUNGEN
Bei seinen Untersuchungen der Radioaktivität entdeckte Rutherford die Umwandlung (S. 46) von Elementen und formulierte das Gesetz des radioaktiven Zerfalls: Radioaktive Elemente haben eine typische Halbwertszeit, in der sie unter Aussendung von Strahlen auf die Hälfte ihrer Masse schrumpfen bzw. sich in ein anderes Element umwandeln.

Elektronen, Schalen, Bindungen

TEURER EROS
Diese Eros-Statue aus Aluminium war damals (1884) sehr wertvoll; heute läßt sich Aluminium leichter und kostengünstiger nach dem Prinzip der Elektrolyse gewinnen.

Mit den Atommodellen von Anfang des 20. Jahrhunderts konnte noch nicht erklärt werden, warum die Elektronen nicht in den Atomkern stürzen. Niels Bohr (1885–1962), ein Schüler Rutherfords, konnte diesen Widerspruch auflösen, indem er Postulate aufstellte, die von der klassischen Physik abwichen. Danach haben die Elektronen bestimmte „erlaubte" Energiewerte, denen bestimmte um den Kern liegende Schalen entsprechen. Elektronen mit den niedrigsten Werten bewegen sich auf der innersten Schale, solche mit den höchsten Werten auf der äußersten. Die Zahl der Elektronen einer bestimmten Schale (bzw. eines Energiewerts) ist begrenzt. Für die chemischen Eigenschaften eines Atoms sind die Elektronen in der äußersten Schale maßgeblich. Sie gehen Bindungen mit den Elektronen anderer Atome ein und bilden so Moleküle. Atome, deren äußerste Schale ganz „besetzt" ist, sind weniger reaktionsfreudig als solche mit nur einem äußersten Elektron. Neben vielen anderen Vorgängen in der Atomhülle konnte dieses Modell auch die Reaktionen bei der Elektrolyse erklären.

AUF DURCHREISE
Humphry Davy (1778–1829) experimentierte mit der Elektrolyse. Er legte an eine Lösung oder Schmelze eine elektrische Spannung an, um die darin gelösten chemischen Verbindungen zu trennen. So gelang es ihm, aus Kaliumhydroxid und Soda zwei neue Metalle zu gewinnen: Kalium und Natrium.

ELEKTRONENSTRÖME
Dichromsäure (links) ist ein Elektrolyt, d.h. in Wasser gelöst, zerfallen ihre Moleküle in positiv bzw. negativ geladene Ionen (Anionen bzw. Kationen). Taucht man elektrische Pole in die Lösung, wird sie leitend, denn die Anionen wandern zum negativen Pol und die Kationen zum positiven.

ELEKTRISIERENDE ENTDECKUNGEN
Im 19. Jh. wurden mit Hilfe der Elektrolyse zahlreiche neue Elemente entdeckt. Unten sind einige Proben von Metallen abgebildet, die durch Elektrolyse gewonnen wurden. Den Ionenfluß setzte eine Batterie in Gang. Anionen und Kationen entstehen, indem Elektronen den äußeren Schalen der Atome hinzugefügt oder daraus entnommen werden.

WASSER ZERLEGEN

Michael Faraday (1791–1867) benutzte dieses Voltameter, um mit Hilfe der Elektrolyse Wasser in seine Bestandteile zu zerlegen: Wasserstoff entwich an der einen Elektrode, Sauerstoff an der anderen. Da Wasser als Elektrolyt elektrisch leitend ist, schließt sich der Stromkreis, wenn man eine Spannung anlegt. Es fließt eine Elektrizitätsmenge, die man durch die Menge der vom Strom bedingten elektrolytischen Abscheidungen bestimmen kann.

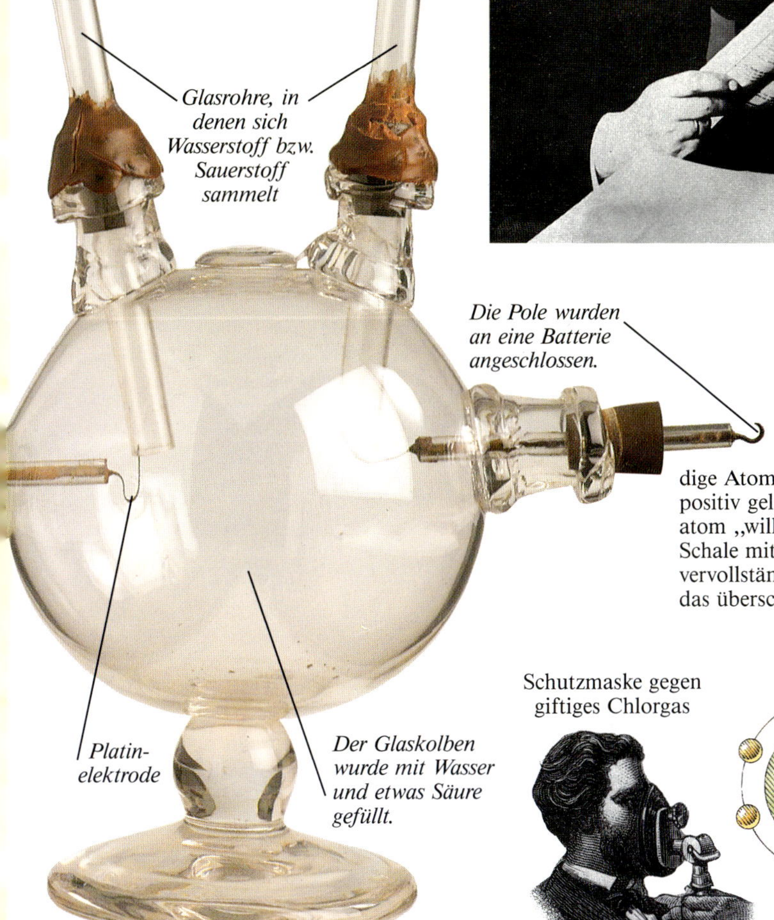

Glasrohre, in denen sich Wasserstoff bzw. Sauerstoff sammelt

Die Pole wurden an eine Batterie angeschlossen.

Platinelektrode

Der Glaskolben wurde mit Wasser und etwas Säure gefüllt.

LICHT IN DIE SACHE

Im Bohrschen Atommodell können Elektronen von einer Energiestufe auf eine andere springen. Bei diesem Vorgang werden die entsprechenden Energieunterschiede in Form von Strahlungsquanten (Photonen) abgegeben oder aufgenommen. Auch beim Licht, einer Form der elektromagnetischen Strahlung, spricht man von Photonen oder Lichtquanten.

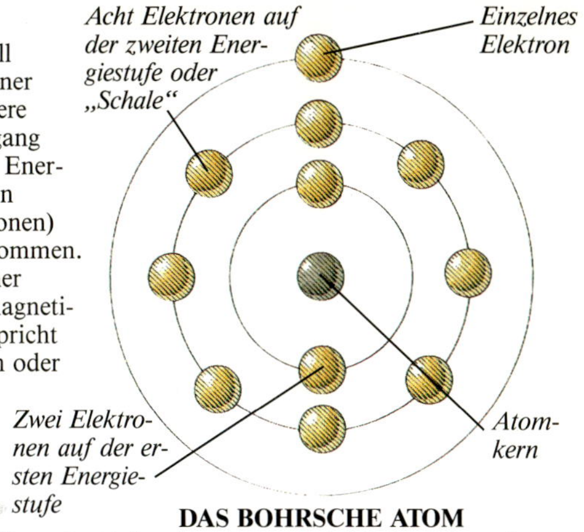

DAS BOHRSCHE ATOM

Im Bohrschen Atommodell haben die äußersten Elektronen den höchsten Energiewert. Elektronen auf einer niedrigeren Schale können auf eine höhere springen, wobei sie Energie absorbieren. Ein Elektronensprung kann z.B. durch hohe Temperaturen eintreten oder wenn Photonen mit ausreichender Energie auf das Atom treffen. Beim Sprung auf eine niedrigere Schale wird Energie in Form von Strahlung abgegeben.

IONENBINDUNG

Natrium- und Chlorionen werden durch ihre entgegengesetzten elektrischen Ladungen zu einem Kochsalzmolekül zusammengehalten. Weil das Natriumatom instabil ist, „will“ es sein äußeres Elektron abgeben. Das unvollständige Atom (Ion) ist danach positiv geladen. Das Chloratom „will“ seine äußere Schale mit einem Elektron vervollständigen und nimmt das überschüssige Elektron auf.

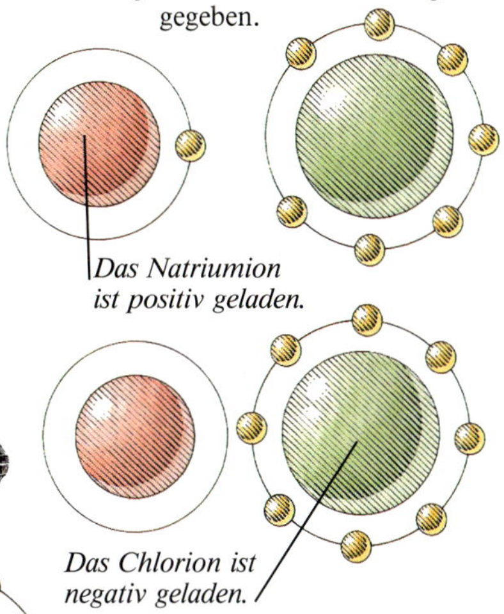

Natriumchlorid (Kochsalz)

Schutzmaske gegen giftiges Chlorgas

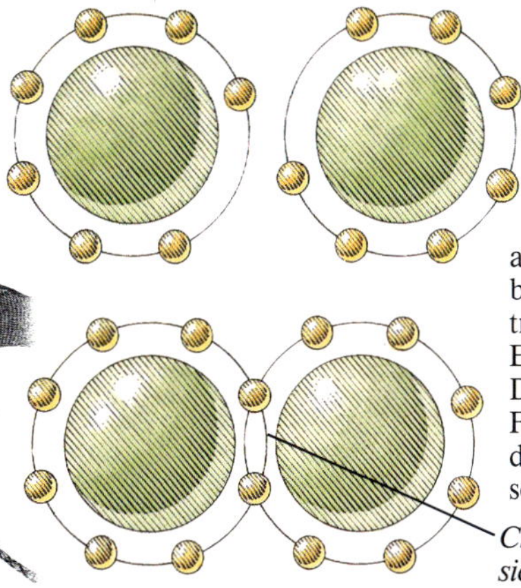

Chloratome bilden Paare und teilen sich zwei Elektronen.

ATOMBINDUNG

Bestimmte Atome „teilen“ sich die äußersten Elektronen, um ihre Schale zu vervollständigen (Atom- oder kovalente Bindung). Chloratome mit sieben äußeren Elektronen bilden Paare, indem sie sich zwei Elektronen teilen. So hat jedes Atom acht Elektronen in der äußeren Schale. Deshalb kommt Chlorgas meist in Form zweiatomiger Moleküle vor. Weil die Bindung schwach ist, ist Chlor sehr reaktionsfreudig und gefährlich.

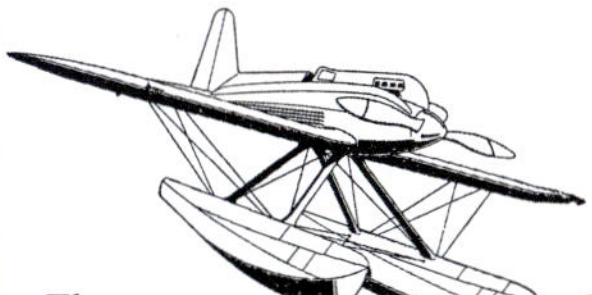

Flugzeug aus Aluminium

METALLISCHE BINDUNG

Metallatome „teilen“ sich ihre äußeren Elektronen. Sie bilden eine „Reserve“ und wandern zwischen den Atomen hin und her. Aufgrund dieser Wanderung sind Metalle gute Wärme- und Elektrizitätsleiter.

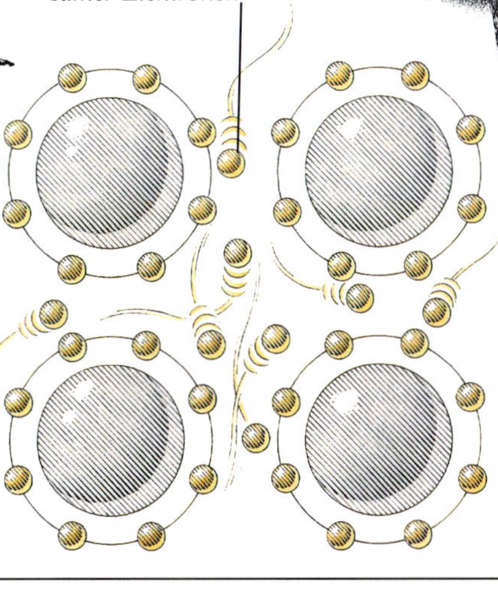

„Reserve“ gemeinsamer Elektronen

VOM KREIS ZUR WOLKE

Bohrs modellhafte, festumrissene Elektronenkreisbahnen wurden später durch Elektronenwolken ersetzt. Rechts hat man sie unter dem Elektronenmikroskop sichtbar gemacht. Die Wahrscheinlichkeit, auf ein Elektron zu „treffen“, ist dort am größten, wo die Wolke am dichtesten ist. Heute geht man davon aus, daß sich Elektronen sowohl wie Wellen als auch wie Teilchen verhalten.

Kernbausteine

Seit Anfang des 20. Jahrhunderts ist bekannt, daß der Atomkern positiv geladen ist. Rutherford zeigte, daß der Kern positiv geladene Teilchen enthalten muß; er nannte sie Protonen (griechisch für „das Erste"). Ihre Existenz wies er 1919 nach, indem er Stickstoffkerne mit Alphateilchen beschoß, die Protonen aus dem Stickstoff herausschlugen. James Chadwick (1891–1974) entdeckte 1932 einen weiteren Kernbaustein – das Neutron, das etwa die gleiche Masse wie ein Proton hat, aber keine elektrische Ladung trägt. Alle Atomkerne bestehen aus Protonen und Neutronen. Die Zahl der Protonen entspricht der Zahl der Elektronen, die durch den positiv geladenen Kern auf ihrer Bahn gehalten werden und das chemische Verhalten eines Elements bestimmen (S. 50–51). Die Zahl der Neutronen eines Elements aber kann schwanken. Es sind also verschiedene Isotope möglich – Atome mit derselben Zahl Protonen, aber unterschiedlicher Neutronenzahl.

TEILCHENENTDECKER
James Chadwick, ein Schüler Rutherfords, beschoß das Metall Beryllium mit Alphateilchen. Er konnte zeigen, daß sie aus den Atomkernen ein neues Teilchen herausschlagen, das er Neutron nannte. Ferner untersuchte Chadwick das Deuterium (auch „Schwerer Wasserstoff"). Dieses Isotop wurde 1932 entdeckt und wird heute in Kernreaktoren verwendet.

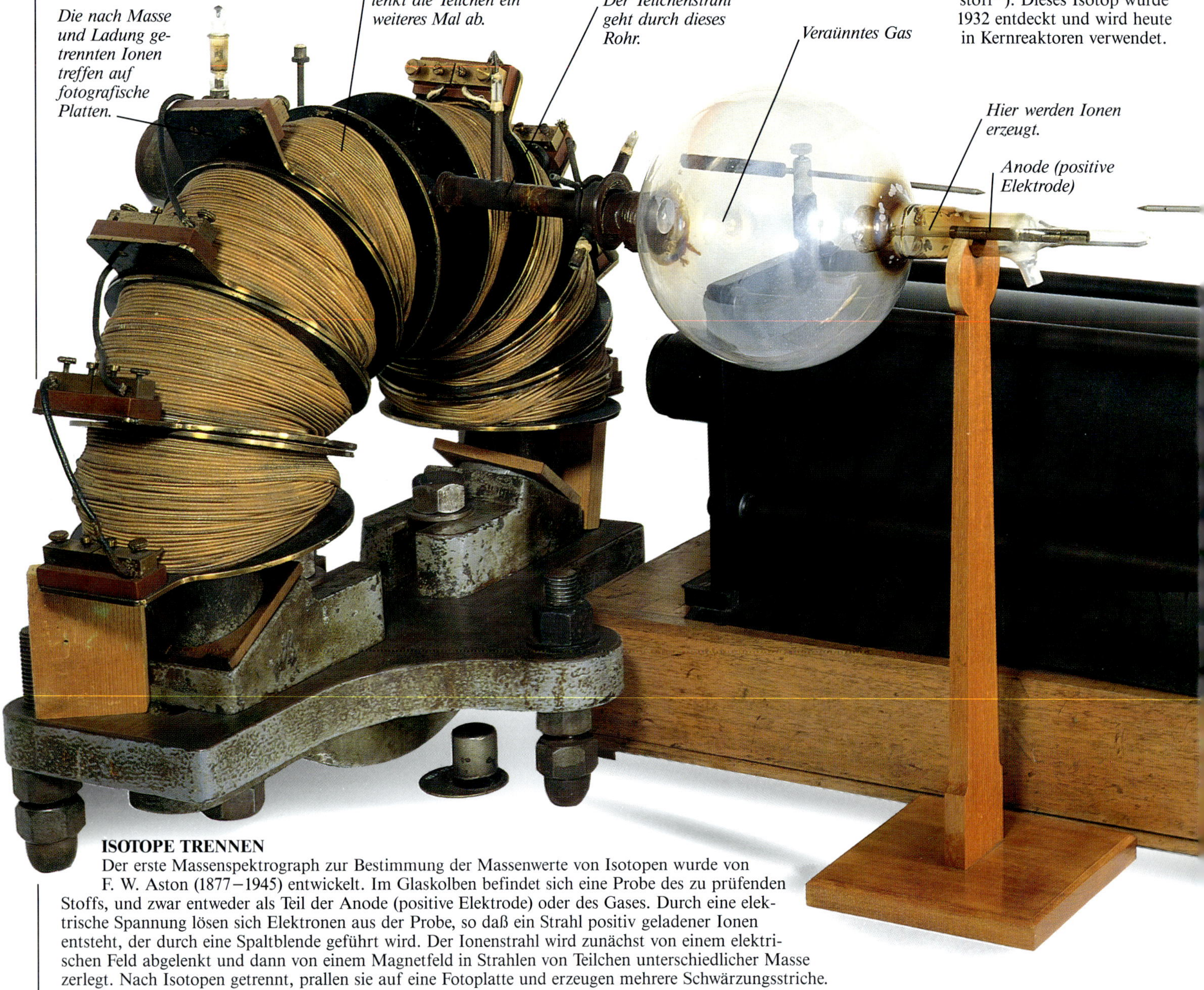

ISOTOPE TRENNEN
Der erste Massenspektrograph zur Bestimmung der Massenwerte von Isotopen wurde von F. W. Aston (1877–1945) entwickelt. Im Glaskolben befindet sich eine Probe des zu prüfenden Stoffs, und zwar entweder als Teil der Anode (positive Elektrode) oder des Gases. Durch eine elektrische Spannung lösen sich Elektronen aus der Probe, so daß ein Strahl positiv geladener Ionen entsteht, der durch eine Spaltblende geführt wird. Der Ionenstrahl wird zunächst von einem elektrischen Feld abgelenkt und dann von einem Magnetfeld in Strahlen von Teilchen unterschiedlicher Masse zerlegt. Nach Isotopen getrennt, prallen sie auf eine Fotoplatte und erzeugen mehrere Schwärzungsstriche.

Elektronen, Protonen und Neutronen

Rutherford stellte sich den Atomkern aus Protonen und einer kleineren Zahl Elektronen bestehend vor. Er dachte sich jedes Elektron gepaart mit einem Proton, so daß sich ihre elektrischen Ladungen aufheben. 1932 erzeugte James Chadwick Strahlen, die nicht von elektrischen Feldern abgelenkt werden, aber durchdringender als Gammastrahlen sind. Es handelte sich um ungeladene Teilchen, Neutronen genannt, die etwa die gleiche Masse wie Wasserstoffatome haben. Chadwick erkannte, daß Neutronen eigenständige Kernbausteine sind, eine Vermutung, die bis heute Bestand hat. Allerdings „zerfällt“ etwa die Hälfte freier Neutronen binnen 15 Minuten in Protonen und Elektronen. Stoßen ein Proton und ein Elektron zusammen, entsteht ein Neutron.

NEUTRONENDETEKTOR
In diesem von Chadwick gebauten, so einfach aussehenden Gerät wurde Beryllium mit Alphateilchen beschossen. Die dabei abgegebenen Neutronen waren nur nachzuweisen, wenn sie Protonen aus einer Paraffinschicht herausschlugen. Dabei entstand eine Strahlung, die mit dem Geigerzähler (S. 46–47) festgestellt wurde.

Zuleitung zur Pumpe, die in der Kammer einen Unterdruck erzeugte

Kammer mit radioaktivem Element

WISSENSCHAFTLICHES WERKZEUG
Diese Zigarettenschachtel war Chadwicks „Werkzeugkasten“. Um die schnellen Neutronen abzubremsen und beobachten zu können, benutzte er Paraffin. Anhand der unterschiedlich starken Silber- und Aluminiumfolien konnte er das Durchdringungsvermögen der Strahlen demonstrieren.

Stromzufuhr

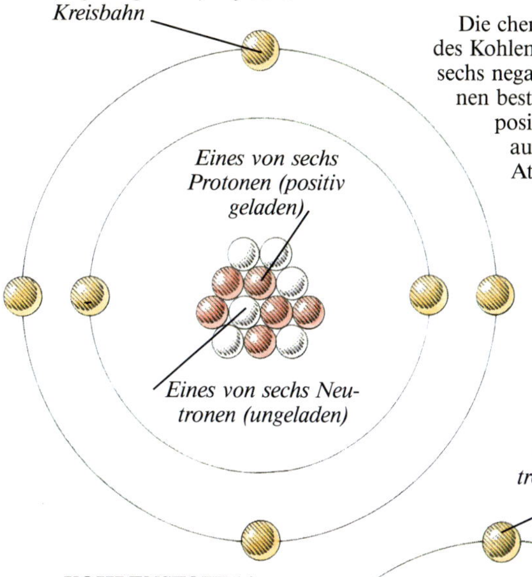

Eines von sechs Elektronen (negativ geladen) auf seiner Kreisbahn

Eines von sechs Protonen (positiv geladen)

Eines von sechs Neutronen (ungeladen)

KOHLENSTOFF-12
Die chemischen Eigenschaften des Kohlenstoffs werden von den sechs negativ geladenen Elektronen bestimmt. Sie gleichen die positive Ladung des Kerns aus. Das Kohlenstoff-12-Atom hat im Kern ebenfalls sechs Neutronen von etwa gleicher Masse wie die Protonen. Dadurch ergibt sich eine „Massenzahl“ von zwölf.

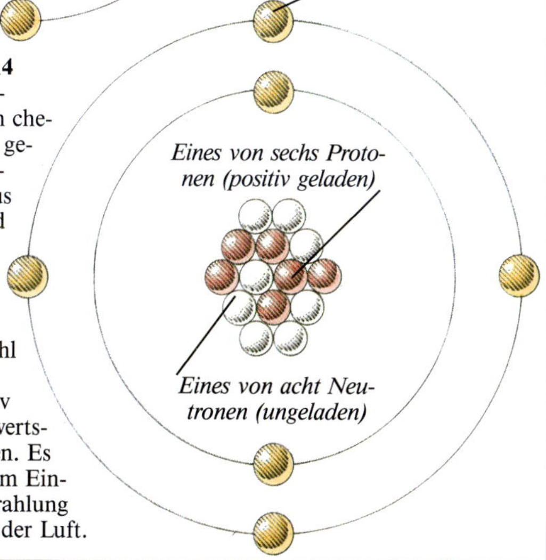

Eines von sechs Elektronen (negativ geladen) auf seiner Kreisbahn

Eines von sechs Protonen (positiv geladen)

Eines von acht Neutronen (ungeladen)

KOHLENSTOFF-14
Das Isotop Kohlenstoff-14 verhält sich chemisch genauso wie gewöhnlicher Kohlenstoff. Es besteht aus sechs Protonen und sechs Elektronen, hat im Kern aber zwei zusätzliche Neutronen, so daß sich eine Massenzahl von 14 ergibt. Das Isotop ist radioaktiv und hat eine Halbwertszeit von 5730 Jahren. Es bildet sich unter dem Einfluß kosmischer Strahlung aus dem Stickstoff der Luft.

Kernspaltung

Bald nach Rutherfords Nachweis des Atomkerns (1911) stellte man fest, daß der Atomkern bestimmter Elemente beim Beschuß mit radioaktiven Strahlen zerstört und daß dabei Energie freigesetzt wird. Auf diese Weise spalten Neutronen das Uran, das schwerste unter den natürlichen Elementen. Dabei entstehen zwei kleinere Kerne nahezu gleicher Masse und neue Neutronen, die weitere Urankerne spalten können. Entdeckt wurde dies von Otto Hahn (1879–1968) und Lise Meitner (1878–1968). 1942 gelang es einem von Enrico Fermi (1901–1954) geleiteten Team, eine solche Kettenreaktion im ersten Kernreaktor der Welt zu steuern. Drei Jahre später wurde sie in nicht gesteuerter Weise für kriegerische Zwecke eingesetzt: Die Amerikaner warfen über Hiroschima und Nagasaki Atombomben ab.

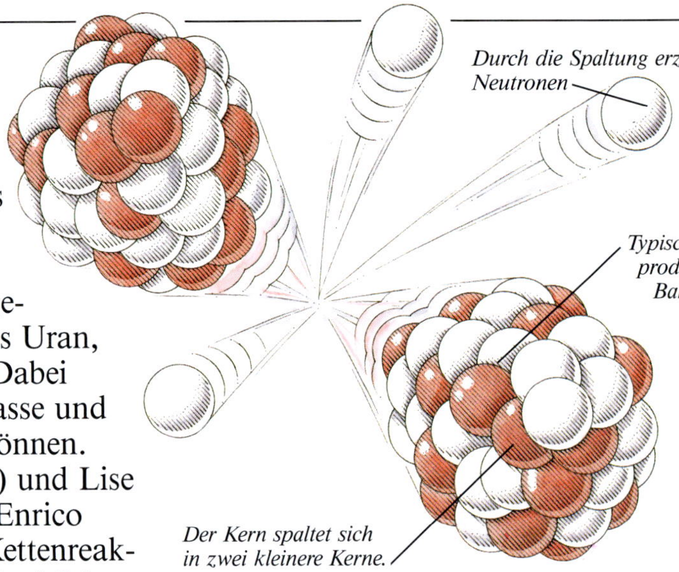

Durch die Spaltung erzeugte Neutronen

Typische Spaltprodukte sind Barium und Krypton.

Der Kern spaltet sich in zwei kleinere Kerne.

2 GEBREMSTE SPALTUNG
Trifft ein Neutron auf einen Urankern, spaltet sich dieser in zwei kleinere Kerne von je der Hälfte seiner Masse. Außerdem werden neue Neutronen zusammen mit energiereicher Strahlung freigesetzt. Damit die schnellen Neutronen zur Aufrechterhaltung der kontrollierten Kettenreaktion auf neue Urankerne treffen, werden sie mit Hilfe von Graphit oder Schwerem Wasser gebremst.

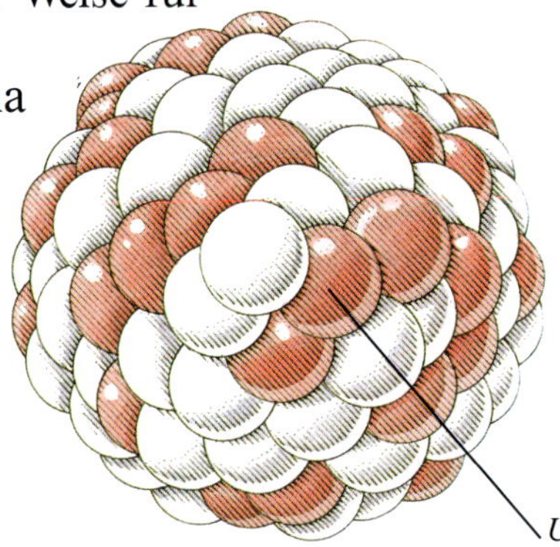

Urankern (U-235)

KETTENREAKTION
Bei der Kettenreaktion in einem Kernreaktor werden riesige Energiemengen frei. Spaltet ein Neutron einen Urankern, werden ein bis drei Neutronen freigesetzt, die ihrerseits weitere Urankerne spalten. Die Energie der Spaltprodukte und der Strahlung erzeugt eine ungeheure Hitze, die im Reaktor kontrolliert genutzt wird, um Elektrizität zu gewinnen.

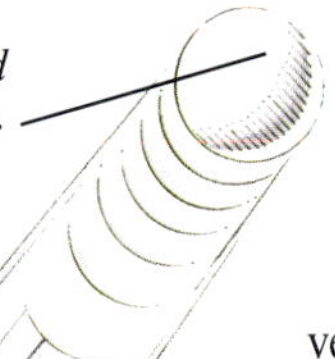

Das Neutron wird gleich auf einen Urankern treffen.

1 FREIE NEUTRONEN
Neutronen entstehen z.B. durch den Beschuß von Atomen mit radioaktiven Strahlen. Auch beim natürlichen Zerfall der Urankerne werden Neutronen freigesetzt, die aber keine Kettenreaktion in Gang setzen können. Deshalb nutzen Kernreaktoren das sehr reaktionsfreudige Uran-Isotop U-235.

Uranzerfall

Natürliches Uran besteht zu über 99% aus dem Isotop U-238. Sein Kern enthält 92 Protonen und 146 Neutronen, die verhindern, daß der Kern aufgrund der abstoßenden Kräfte der Protonen gesprengt wird. Beim natürlichen radioaktiven Zerfall des Uran-Isotops U-238 werden Alphateilchen abgegeben. Dadurch entsteht mit der Zeit ein Thoriumkern. Dieser zerfällt wiederum, ebenso seine Produkte, so daß über verschiedene Zwischenstufen (z.B. Wismut) aus dem Urankern schließlich ein Blei-Isotop wird. Uran-Lagerstätten kann man also aufgrund der Radioaktivität entdecken. Da die Flugstrecken der Neutronen im Uran sehr kurz sind, muß eine Mindestmasse vorhanden sein – die kritische Masse (bei U-235 rund 50 kg) –, damit eine Kettenreaktion wie im Kernreaktor stattfinden kann.

SPALTFAMILIE
1917 entdeckten Lise Meitner und Otto Hahn in Uranerzen ein neues Element, Protactinium. Die Ergebnisse ihrer Arbeiten wurden 1939 von Meitner und ihrem Neffen Otto Frisch (1904–1979) als Spaltung von Urankernen gedeutet.

BARES BARIUM
Otto Hahn untersuchte den Zerfall von Urankernen unter der Einwirkung von Neutronen. Unter den Spaltprodukten fand er Bariumkerne, die etwa halb so schwer wie die Urankerne waren.

SCHWERES WASSER
Um die „Trefferquote" der Neutronen im Kernreaktor zu erhöhen, verwendet man bestimmte „Bremsmittel", Moderatoren genannt. Dazu zählt Schweres Wasser.

PROPHET DER BOMBE

1905, 40 Jahre vor der ersten Atombombenexplosion, legte Albert Einstein (1879–1955) in der Speziellen Relativitätstheorie dar, daß Masse und Energie einander entsprechen und Masse in Energie umgewandelt werden kann. 1939 warnte er den amerikanischen Präsidenten Roosevelt, daß die Kettenreaktion für Massenvernichtungswaffen genutzt werden könnte.

BRENNSTÄBE

Brennstäbe (auch Brennelemente genannt) haben eine Metallhülse (z.B. aus Magnesium), die den eigentlichen „Brennstoff" der Kernreaktion, das Uran, enthält. Sie werden von Kühlmittel umflossen (z.B. Gas, Schweres Wasser), das die aufgenommene Wärme abtransportiert.

Brennstäbe von rund 1,5 m Länge

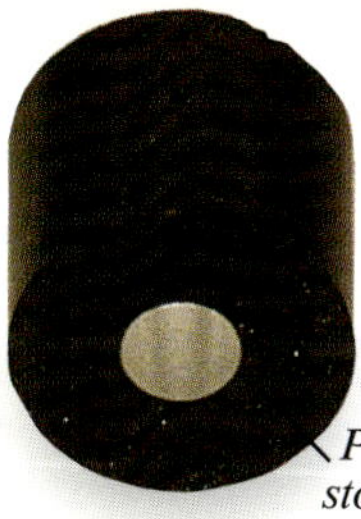

Pellet (Brennstofftablette) aus Uranoxid

BESSERER BRENNSTOFF

Der Brennstab links enthält „Tabletten" aus Uran und Urandioxid mit einem hohen Anteil U-235. In Großbritannien setzt man sie beim sog. „Fortgeschrittenen Gas-Graphit-Reaktor" ein.

ATOMPILZ

Bei der Explosion einer Atombombe entstehen Temperaturen von mehreren Millionen Grad C, unvorstellbar große Drücke und eine außerordentlich starke radioaktive Strahlung. Beim ersten Atombombenversuch in Nevada entstand ein Krater von mehreren hundert Metern Durchmesser.

BOMBENBAUER

Robert Oppenheimer (1904–1967) leitete ab 1943 den Bau der ersten Atombomben. Da er später gegen den Bau der Wasserstoffbombe war, wurde 1953 wegen angeblicher kommunistischer Gesinnung ein Untersuchungsverfahren gegen ihn eingeleitet.

LICHT IM KERN

Das blaue Leuchten im Kern dieses Reaktors, die sogenannte Tscherenkow-Strahlung, wird von Elektronen der radioaktiven Brennstoffe beim Durchgang durch das Wasser erzeugt. Wasser ist neben anderen Flüssigkeiten, Gasen und niedrigschmelzenden Metallen ein weitverbreitetes Kühlmittel, das die im Reaktorkern in Wärme umgewandelte Energie abführt.

Superheiße Materie

Bei extrem hohen Temperaturen können Elektronen von Atomkernen gelöst werden, wobei Energie (u.a. in Form von Licht) frei wird. Analysiert man das Licht mit Hilfe eines Spektroskops, erhält man näheren Aufschluß über die Natur der beteiligten Stoffe. Im Spektroskop wird das Licht (wie auch andere elektromagnetische Strahlung) in seine verschiedenen Farbanteile zerlegt. Die Sonne z.B. gibt nicht nur das sichtbare Licht des Spektrums, sondern auch Licht anderer, nicht sichtbarer Wellenlängen ab. An der Oberfläche der Sonne, wo ihre Gasmassen rund 5.500 °C heiß sind, springen die äußeren Elektronen der Atome auf höhere Kreisbahnen und senden beim Zurückfallen Licht aus (S. 50–51). Im Sonneninneren dagegen springen die inneren Elektronen der Atome auf höhere Kreisbahnen und geben beim Zurückfallen ultraviolette und Röntgenstrahlung ab. Hier herrschen Temperaturen von rund 15.000.000 °C, die die Atomkerne von ihren Elektronen lösen und zu schwereren Kernen verschmelzen.

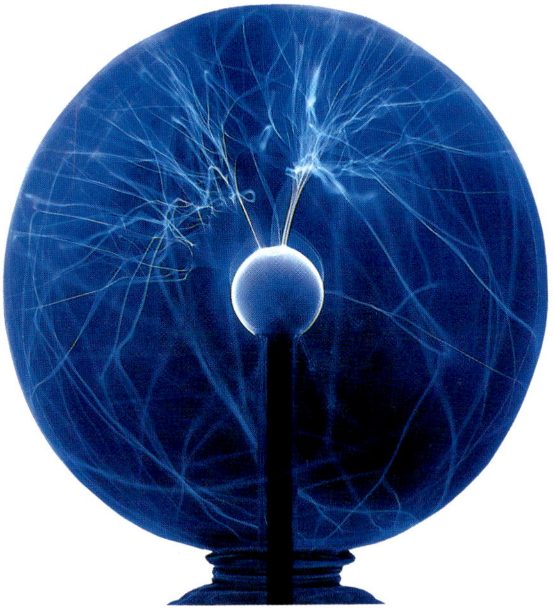

IM INNEREN DER PLASMAKUGEL
Die an diesen Glaskolben angelegte Hochspannung trennt Elektronen und Atomkerne des Gases in seinem Inneren. Die hellen Spuren stammen von den entstehenden Elektronenlawinen. Das Gemisch aus freien Elektronen, elektrisch geladenen Atomkernen und Neutronen wird Plasma genannt.

BESONDERE KENNZEICHEN
Werden Stoffe zum Leuchten gebracht, senden sie Licht aus, das besondere Merkmale aufweist und mit Spektroskopen analysiert werden kann. Das Licht fällt zunächst durch einen Eintrittsspalt, der es zu einem Strahl bündelt. Der Strahl geht dann durch ein Glasprisma und wird zerlegt, wobei jede Wellenlänge (bzw. jeder Farbanteil) in eine andere Richtung abgelenkt wird. Durch ein Fernrohr kann man das „Regenbogenfarben"-Spektrum des Sonnenlichts beobachten. Dunkle Linien im Farbband zeigen, daß bestimmte Wellenlängen von der Erdatmosphäre verschluckt wurden.

SCHWINDENDE SONNE
Durch den hohen Druck und die hohen Temperaturen im Inneren der Sonne werden fortlaufend Atomkerne verschmolzen. Dabei werden in jeder Sekunde vier Millionen Tonnen der Sonnenmasse in Energie umgewandelt – die Sonne verliert also ständig an Masse.

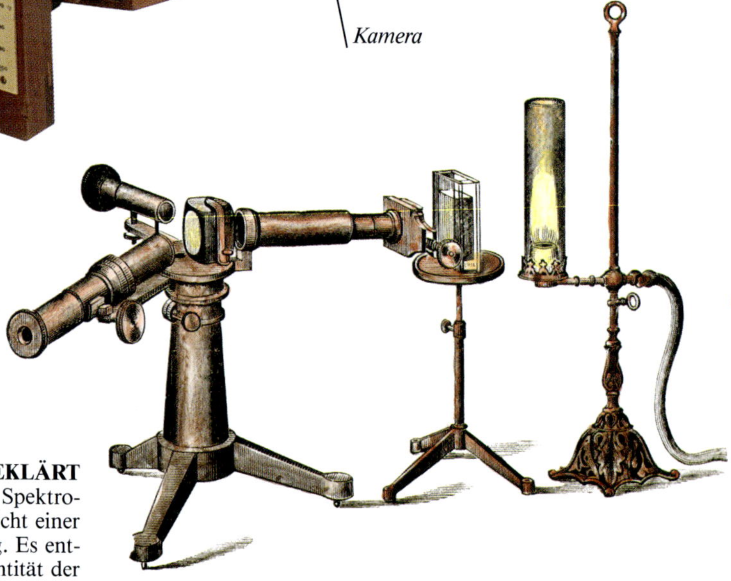

IDENTITÄT GEKLÄRT
Bei diesem Versuch mit einem Spektroskop aus dem 19. Jh. geht das Licht einer Gasflamme durch eine Lösung. Es entsteht ein Spektrum, das die Identität der gelösten Stoffe verrät.

NUTZUNG DER KERNFUSION
Bei Temperaturen von mehreren Millionen Grad können leichte Kerne wie der des Wasserstoffs trotz der sich abstoßenden positiven Ladungen zusammenstoßen und miteinander verschmelzen. Was in der Sonne oder bei einer explodierenden Wasserstoffbombe geschieht, könnte eines Tages in Fusionsreaktoren zur Energiegewinnung genutzt werden.

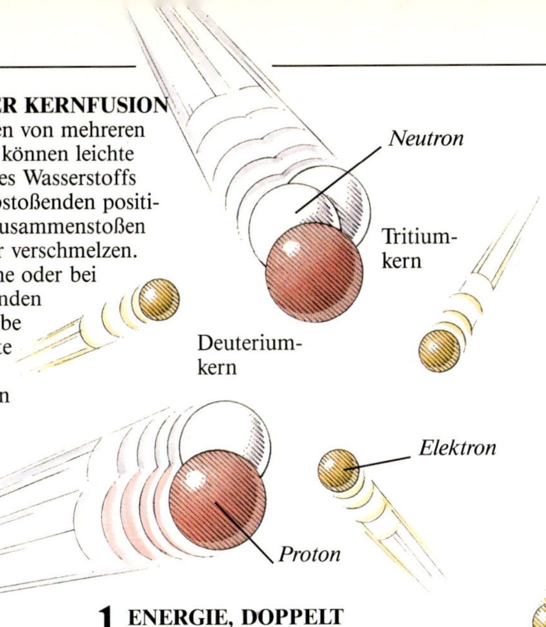

Durch Fusion zu neuen Atomkernen

Bei der Verschmelzung (Fusion) leichter Atomkerne werden riesige Energiemengen frei. Den leichtesten Atomkern mit nur einem Proton hat der Wasserstoff. Werden vier Wasserstoffkerne verschmolzen, wandeln sich zwei Protonen in Neutronen um, und es entsteht ein Heliumkern mit zwei Protonen und zwei Neutronen. Gleichzeitig wird Energie freigesetzt. Bei diesem Vorgang, der in der Sonne über verschiedene Stufen ständig abläuft, bilden sich kurzzeitig auch andere Kerne, die sich ihrerseits umwandeln. Bei der künstlichen Kernfusion werden die Wasserstoffisotope Deuterium und Tritium verwendet, die man aus dem unerschöpflichen Vorrat der Ozeane gewinnen kann.

1 ENERGIE, DOPPELT UND DREIFACH
Heliumkerne können sich auf verschiedene Weise aus Wasserstoffkernen bilden. Bei einem dieser Vorgänge sind zwei Wasserstoffisotope beteiligt, Deuterium und Tritium. Der Deuteriumkern setzt sich aus einem Proton und einem Neutron, der Tritiumkern aus einem Proton und zwei Neutronen zusammen. Wird ein Gasgemisch dieser Isotope auf mehrere Millionen Grad erhitzt, entsteht ein Plasma, in dem es zu Kernfusionen kommt.

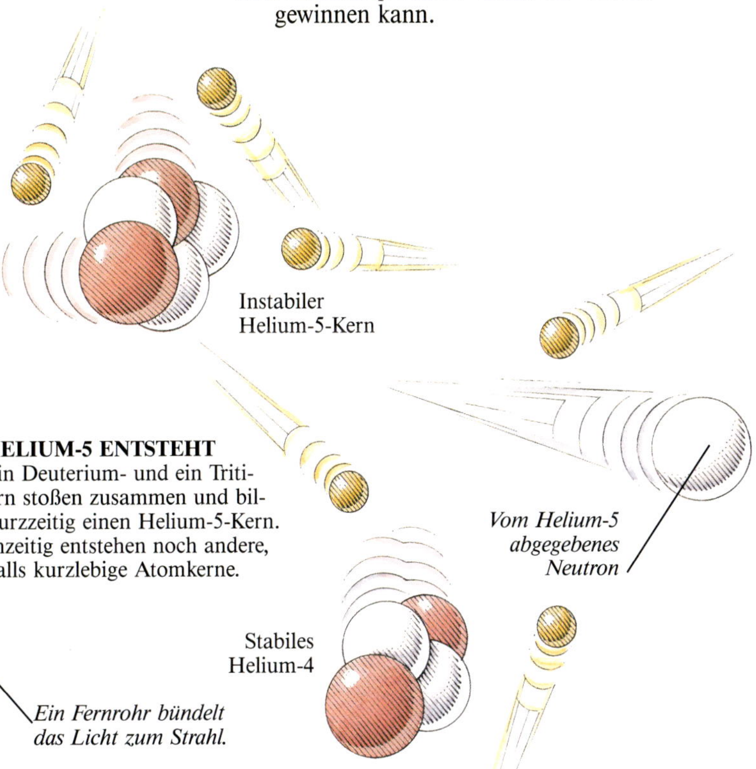

2 HELIUM-5 ENTSTEHT
Ein Deuterium- und ein Tritiumkern stoßen zusammen und bilden kurzzeitig einen Helium-5-Kern. Gleichzeitig entstehen noch andere, ebenfalls kurzlebige Atomkerne.

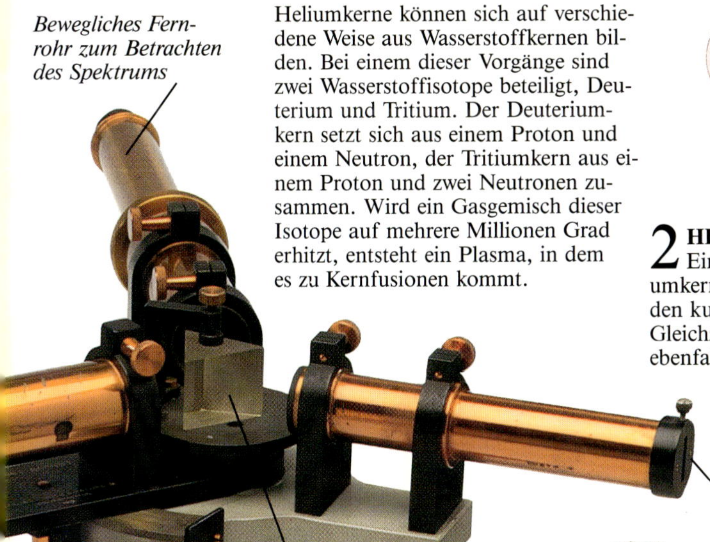

Bewegliches Fernrohr zum Betrachten des Spektrums

Ein Fernrohr bündelt das Licht zum Strahl.

Das Dreikantprisma beugt violettes Licht am stärksten, rotes Licht am wenigsten.

MANN DER STERNE
1939 konnte Hans Bethe (geb. 1906) zusammen mit C. F. von Weizsäcker die Fusion von Wasserstoffkernen als die wesentliche Energiequelle der Sonne beschreiben. Bethe war auch an der Entwicklung der Atom- und der Wasserstoffbombe beteiligt.

3 ZWANGSJACKE FÜRS PLASMA
Der Helium-5-Kern gibt unter Aussendung von Strahlen ein Neutron ab. Ein stabiler Helium-4-Kern entsteht. In Kernfusions-Versuchsreaktoren versucht man, die Energie der Neutronen im Plasma für eine kontrollierte Energiegewinnung zu nutzen. Das Plasma darf dabei nicht durch Kontakt mit der Innenwand des Vakuumgefäßes abkühlen und muß dazu „eingeschlossen“ werden.

WIRBEL IM TORUS
Im Fusionsreaktor kreist der Plasmaring in einer ringförmigen Vakuumkammer (Torus). Rechts ist das Innere von JET (Joint European Torus) abgebildet, einem Forschungsreaktor, der von 14 Ländern gemeinsam betrieben wird. Der extrem heiße, gasförmige Plasmaring darf die Wände der Kammer nicht berühren und wird deshalb von einem mächtigen Magnetblock eingeschlossen. Im Torus können Temperaturen von bis zu 300.000.000 °C erzeugt werden.

Subatomare Teilchen

Noch Anfang der 30er Jahre nahm man an, das Atom bestehe aus drei verschiedenen Teilchen: Proton, Neutron und Elektron. Doch bald stieß man auf neue Teilchen. Das Neutrino, ein masseloses Elementarteilchen ohne elektrische Ladung, wurde 1931 postuliert. Dann wies man in der Höhenstrahlung das Myon, eine Art schweres Elektron, und das Pion nach, das im Atomkern Protonen und Neutronen zusammenhält. Teilchenbeschleuniger (Zyklotrone) wurden gebaut, um durch den Beschuß von Atomkernen mit geladenen Elementarteilchen auf weitere Bausteine zu stoßen. Heute sind Hunderte von (meist unbeständigen) Elementarteilchen bekannt, die man zwei großen Klassen, den Hadronen und den Leptonen, zuordnen kann. Hadronen sind z.B. Proton und Neutron, die wiederum aus zwei oder drei Quarks bestehen. Zu den Leptonen gehören z.B. Elektronen und Neutrinos.

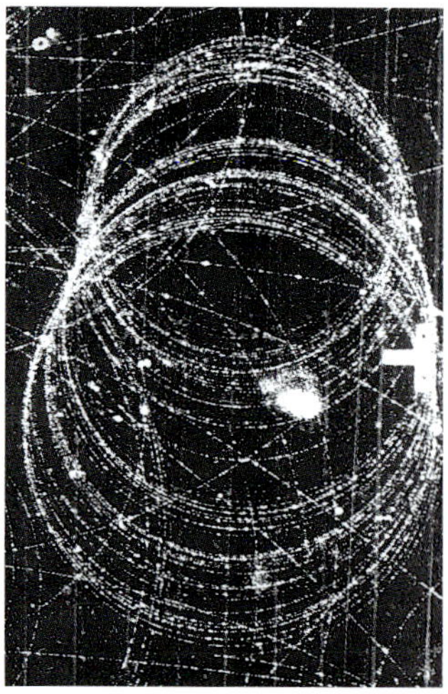

SPURENSICHERUNG
Die weißen Nebelstreifen (oben) markieren die Spuren von Elektronen und Positronen (von ähnlicher Masse wie Elektronen, aber positiv geladen). Wegen ihrer entgegengesetzten Ladungen kreisen sie im Magnetfeld in verschiedenen Richtungen. Ein am unteren Bildrand entstandenes Elektron kreist 36mal, bis es seine Energie verliert.

Mit Wasserdampf gefüllte Kammer

Der Kolben bewegt sich nach unten; durch die plötzliche Unterkühlung übersättigt sich der Wasserdampf und schlägt sich an den Ionen nieder.

Zunächst wird der Glasballon leergepumpt. Wird die Schleuse zwischen Ballon und Kolben dann geöffnet, „saugt“ der sich füllende Ballon den Kolben nach unten (daher „Kolbenexpansionskammer“).

KLARHEIT DURCH NEBEL
Mit der 1911 von Charles Wilson (1869–1959) gebauten Nebelkammer wurden die Flugbahnen ionisierender Teilchen erstmals sichtbar gemacht. Teilchen radioaktiver Strahlung fliegen durch eine Glaskammer, die Luft und Wasserdampf enthält. Dort schlagen sie Elektronen aus den Atomen der Luft, d.h. sie erzeugen Ionen. Wird der Luftdruck plötzlich gesenkt, schlägt sich der Wasserdampf längs der Bahnen an den Ionen nieder, und es werden weiße Nebelstreifen sichtbar.

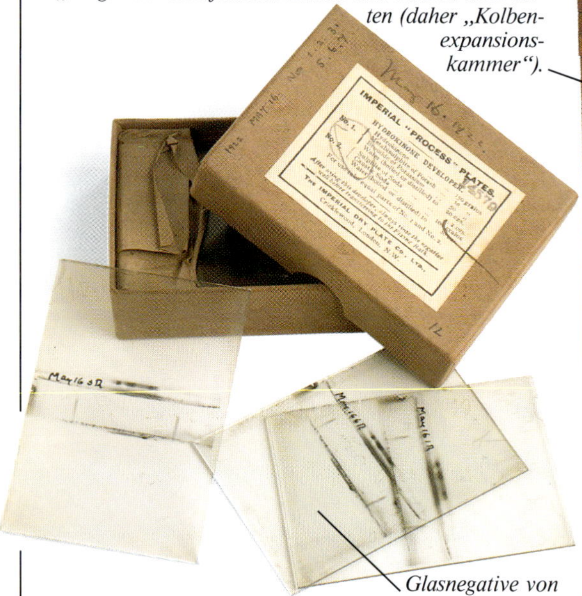

Glasnegative von Nebelkammer-Aufnahmen

BEWEISFOTOS
Die Fotos der Nebelkammerspuren zeigen, wie Teilchen und Atomkerne zertrümmert und neu geschaffen werden. Die Auswertung der Bahnspuren gibt Aufschluß über elektrische Ladung, Masse und Geschwindigkeit.

Vakuumkammer des Zyklotrons

„D“ WIE DUANT

Das 1930 von Ernest Lawrence (1901–1958) entwickelte Zyklotron beschleunigt die von einer Ionenquelle im Zentrum ausgehenden Teilchen. In der hier gezeigten Vakuumkammer befinden sich zwei metallische, D-förmige Halbkreisdosen, die Duanten. Die geladenen Teilchen laufen im Magnetfeld der Duanten auf spiralförmigen Bahnen von innen nach außen. Beim Übergang von einem „D“ zum anderen werden die Teilchen durch ein elektrisches Feld immer wieder beschleunigt. Haben sie eine bestimmte Energie erreicht, werden sie aus dem Zyklotron herausgeführt.

GELEHRTER SPASSMACHER

Richard Feynman (1918–1988) wurde 1965 für seine Studien über den Zusammenhang zwischen Teilchen und elektromagnetischer Strahlung mit dem Nobelpreis ausgezeichnet. Sein sprühender Witz war bei seinen Studenten sehr geschätzt.

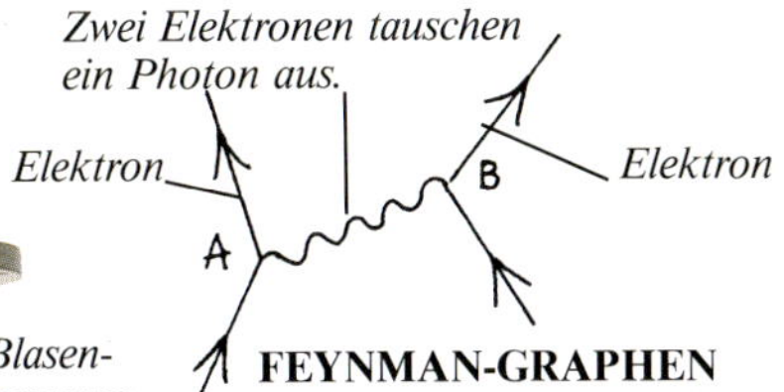

FEYNMAN-GRAPHEN

Dieses „Gekritzel“ ist ein Diagramm Feynmans zur Veranschaulichung der Wechselwirkung zwischen zwei Elektronen: Sie tauschen ein Photon aus, den „Träger“ der elektromagnetischen Kraft (S. 60–61).

MAGISCHER KREIS

Das unterirdische Tevatron im amerikanischen Illinois besteht aus zwei übereinanderliegenden Beschleunigern. Der obere speist Teilchen in den leistungsstärkeren unteren Beschleuniger.

BLÄSCHEN UND TEILCHEN

Diese 1956 gebaute Blasenkammer enthielt verflüssigten Wasserstoff unter hohem Druck. Der Druck wurde plötzlich gesenkt, der Wasserstoff dadurch überhitzt. Traten nun Teilchen in die Blasenkammer ein, erzeugten sie Dampfbläschen, die die Teilchenbahnen sichtbar machten. Diese wurden fotografiert und ausgewertet.

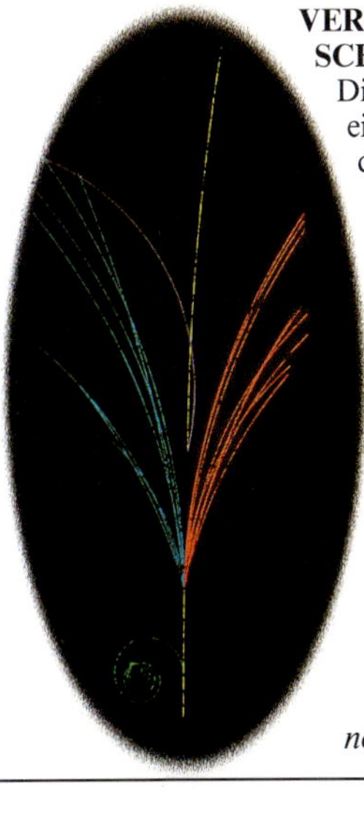

VERBLÜHENDE SCHÖNHEIT

Dieses Falschfarbenfoto aus einer Blasenkammer zeigt den Zusammenstoß eines schnellen Protons (gelb, unten) mit dem Proton eines Wasserstoffatoms. Beim Verschwinden entsteht ein Schauer neuer Teilchen. Ein elektrisch ungeladenes Lambdahyperon hinterläßt selbst keine Spur, verrät sich aber durch den „Zerfall“ in ein Proton und ein Pion (gelb und lila, Mitte).

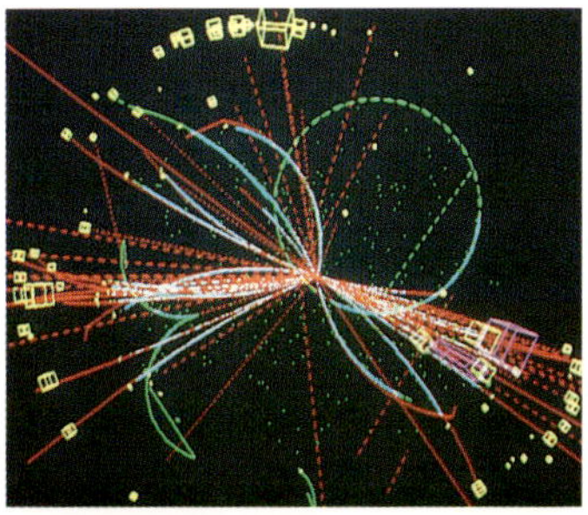

NACHGESTELLT

Heute werden Computer verwendet, um Reaktionen zwischen Elementarteilchen darzustellen. Dies ist eine Simulation des Zerfalls eines Z^0-Teilchens, eines der Träger der schwachen Wechselwirkung (S. 60–61).

KEIN SCHWÄCHLING
Die Vorgänge in der Sonne unterliegen der schwachen Wechselwirkung, die auch für die Umwandlung von Wasserstoff in Helium (S. 57) verantwortlich ist. Auf der Erde zeigt sie sich z.B. in der Radioaktivität. Ihre Reichweite ist sehr kurz: Sie geht nicht über den Atomkern hinaus und konnte daher erst durch die Kernphysik entdeckt werden. Auf ihre Träger, die Bosonen, schloß man aus Versuchen in Teilchenbeschleunigern.

Die vier Kräfte

Alle Materie unterliegt vier Kräften – Gravitation, Elektromagnetismus, schwache und starke Wechselwirkung. Die Gravitation hält uns auf der Erde und die Planeten auf ihrer Bahn. Elektronen werden vom Elektromagnetismus in die Atomhülle gezwungen. Der schwachen Wechselwirkung unterliegen alle Elementarteilchen außer dem Photon. Die starke Wechselwirkung, die stärkste der Kräfte, betrifft Protonen und Neutronen, die wiederum aus Quarks bestehen. „Träger" des Elektromagnetismus sind die Photonen, Träger der schwachen Wechselwirkung die Bosonen, Träger der starken Wechselwirkung die Gluonen. Als Träger der Gravitation nimmt man ein „Graviton" genanntes Teilchen an. Elektrizität und Magnetismus sind eng miteinander verbunden, da ein Strom ein Magnetfeld und umgekehrt ein Magnetfeld eine Spannung erzeugen kann. Auf der Ebene der Grundbausteine Quarks und Leptonen werden der Elektromagnetismus und die schwache Wechselwirkung zur elektroschwachen Wechselwirkung zusammengefaßt. Man schließt dies aus Theorien über den Urknall (S. 62–63) und aus Experimenten in Teilchenbeschleunigern. Heute arbeiten Physiker an einer Theorie, die alle vier Kräfte zu einer einheitlichen Urkraft zusammenfaßt.

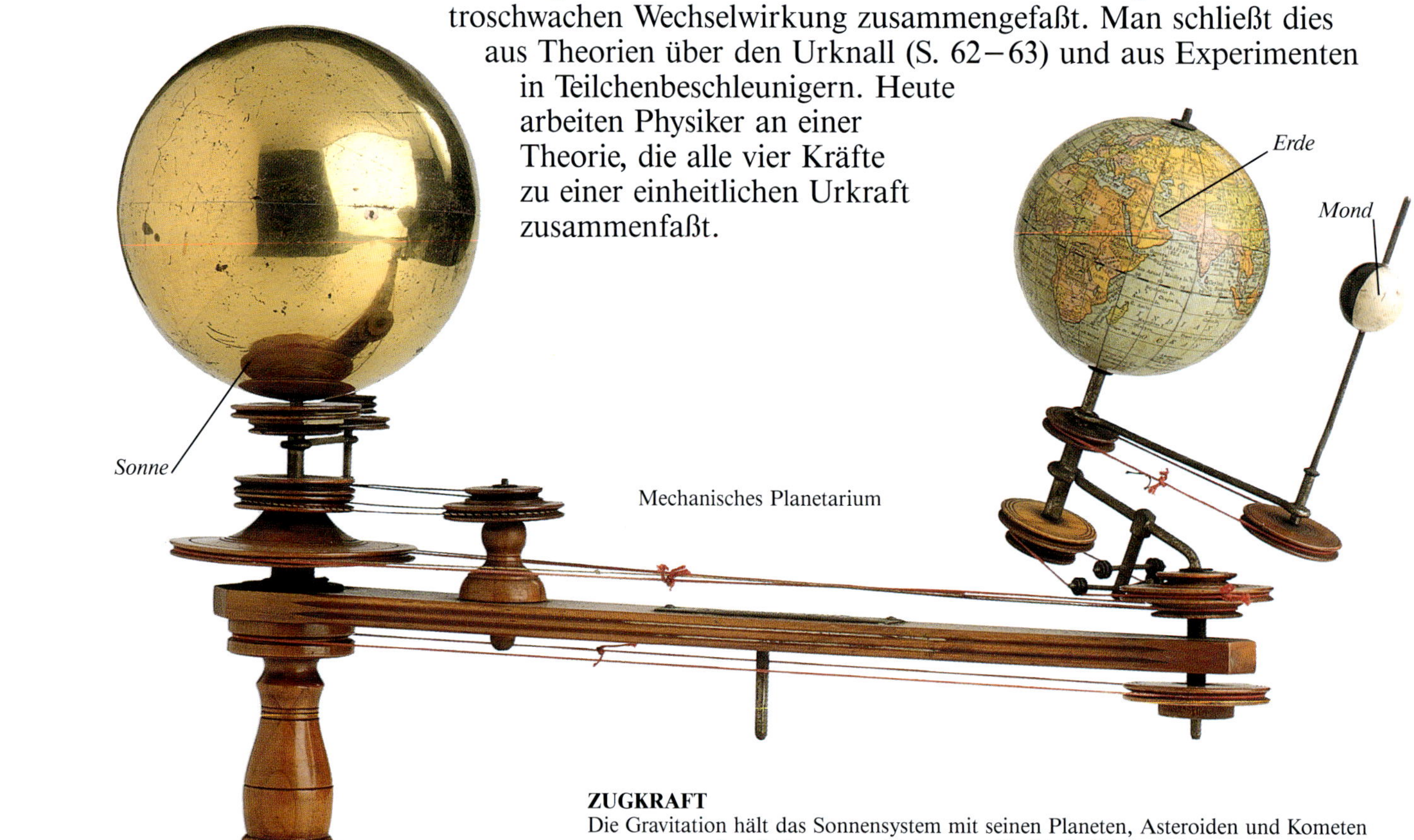

Mechanisches Planetarium

ZUGKRAFT
Die Gravitation hält das Sonnensystem mit seinen Planeten, Asteroiden und Kometen zusammen und wirkt im ganzen Universum. Sie ist die Wechselwirkung mit der größten Reichweite. Nicht nur Pluto, der äußerste Planet (7 Milliarden km von der Sonne entfernt), unterliegt ihr, auch Galaxienhaufen mit Millionen von Lichtjahren im Durchmesser. Die Gravitation verstärkt sich mit zunehmender Masse. Wenn sich also Materie zu planeten- oder sonnengroßen Körpern zusammenballt, entsteht eine starke Anziehung. Dennoch ist sie die schwächste der vier Kräfte. Die weit stärkeren Kernkräfte dagegen reichen nicht über den Atomkern hinaus. Deshalb braucht man die gewaltigen Energien der Teilchenbeschleuniger, um in die Atomkerne einzudringen. Die zweitstärkste Wechselwirkung umfaßt elektromagnetisch anziehende und abstoßende Kräfte, die sich gegenseitig aufheben können.

ALLTÄGLICHE WECHSELWIRKUNGEN
Viele Kräfte sind uns aus dem Alltag bekannt, etwa das Haften von Eisen an Magneten oder die Reibung zwischen Körpern. Beides sind Beispiele für die elektromagnetische Wechselwirkung. Auch die Wirkung der Gravitation kennt jeder. In der Bildfolge (unten) werden die elektromagnetische und die Gravitationskraft veranschaulicht.

GESUCHT: QUARKS
Der starken Wechselwirkung unterliegen nur die Quarks. Sie werden so fest zusammengehalten, daß sie experimentell als einzelne Teilchen noch nicht „dingfest" gemacht werden konnten. Dennoch weisen Elektronenstreuversuche, die u.a. mit diesem gewaltigen Teilchenbeschleuniger durchgeführt werden, auf ihre Existenz hin.

1 AUF DEN WEG GEBRACHT
Zwei Körper ziehen sich aufgrund ihrer Massen mit einer bestimmten Kraft an, so auch dieser Ball und die Erde, auf die er fällt. Da die Masse der Erde um vieles größer als die des Balls ist, bewegt sich die Erde nicht feststellbar, während der Ball immer schneller wird. Er gewinnt kinetische (d.h. Bewegungs-) Energie. Energie kann als Fähigkeit beschrieben werden, etwas geschehen zu lassen – z.B. einen Körper zu erwärmen oder ihn zu bewegen.

AUSTAUSCH VON BOTSCHAFTEN
Wirken zwei Teilchen durch eine der vier Kräfte aufeinander ein, tauschen sie Wechselwirkungs-Quanten als die Träger der jeweiligen Kraft aus. Man kann die Bewegung der Träger mit einem Tennisball vergleichen, der die Bewegungen der Spieler beeinflußt. Die Kraft kann als Anziehung oder als Abstoßung wirken.

3 STILLE RESERVE
Die Lageenergie, die kurzzeitig im Ball gespeichert war, wird in kinetische Energie verwandelt – der Ball springt nach oben. Dabei verliert er Bewegungsenergie, bis er zur Ruhe kommt, und hat damit wieder Lageenergie gewonnen. Diese Umwandlungsvorgänge sind hier mit der Fallhöhe verbunden.

Die Gravitation zieht den Ball zur Erde. Auf die Erde wirkt der Ball aber mit der gleichen Kraft.

Die Lageenergie wandelt sich in Bewegungsenergie um, und der Ball springt hoch.

2 SPRINGBALL
Trifft der Ball auf dem Boden auf, gewinnt er durch seine Elastizität eine Spannkraft, die der Gravitationskraft entgegenwirkt, d.h. die entstehende nach oben gerichtete Kraft ist stärker als die Gravitation. Zunächst kommt die Bewegung zum Stillstand, aber die kinetische Energie des Balls wird umgewandelt, teils in Wärme, teils in Lageenergie. Die durch den Stoß „verzerrten" elektromagnetischen Kräfte sind bestrebt, den Ball wieder in seine alte Form zu bringen. Wenn dies geschieht, erhält er einen Teil der kinetischen Energie zurück.

MASSE UND ENERGIE
Energie kann weder neu geschaffen noch aufgebraucht, sondern nur von einer in eine andere Form umgewandelt werden. So wandelt die Dampfmaschine die chemische Energie des Brennstoffs in Wärmeenergie und diese wiederum in Bewegungsenergie um. Die Kernenergie, bei der Masse in Energie umgewandelt wird, ist keine Ausnahme, da Masse und Energie einander entsprechen und ineinander umgewandelt werden können. Dies gilt für alle vier Wechselwirkungen.

LEBEN UND STERBEN
Die ersten Astronomen hielten die Sterne für unveränderlich. Heute weiß man, daß auch Sterne entstehen und wieder vergehen.

Geburt und Tod der Materie

Die Summe der Masse und Energie im ganzen Universum bleibt erhalten. Beobachtungen haben gezeigt, daß sich die Galaxien voneinander entfernen, der Weltraum sich also ausdehnt. Vor Milliarden von Jahren muß es einen Zustand extrem hoher Dichte und Temperatur gegeben haben, ein heißes Gasgemisch von Energie und Teilchen, aus dem das Weltall explosionsartig entstand (Urknall). Als das Gas sich ausdehnte und abkühlte, bildeten sich aus Quarks die Protonen und Neutronen, aus denen zunächst Heliumkerne und schließlich Wasserstoff- und Heliumatome entstanden. Die Wechselwirkung zwischen Strahlung und Materie kam zum Erliegen, und die Materie kondensierte zu Wolken, aus denen sich Sterne und andere Objekte bildeten. Offen ist heute, ob das Weltall sich immer weiter ausdehnt oder irgendwann wieder in sich zusammenstürzt.

DIE UHR ZURÜCKDREHEN
Zeit muß nicht unbedingt an allen Orten gleich schnell vergehen. Albert Einstein zeigte, daß für jemanden, der sich mit hohen Geschwindigkeiten bewegt, die Zeit langsamer abläuft: Je schneller die Bewegung ist, desto langsamer verstreicht die Zeit. Ein Astronaut, der sich in einer Erdumlaufbahn bewegt, ist eine Hundertstelsekunde jünger als die Menschen auf der Erde.

Kein Körper bewegt sich schneller als das Licht. Wenn wir also das Licht von Millionen Lichtjahren entfernten Galaxien sehen, blicken wir praktisch in die Vergangenheit.

AUSGESTREUTE SAMEN
Der Krebsnebel ist der sich ausdehnende Überrest einer Supernova (Explosion eines Riesensterns), die von chinesischen Astronomen im Jahre 1054 beobachtet wurde. Seine gasförmige Materie könnte irgendwann zum „Rohstoff" eines neuen Sterns werden. Auch alle Elemente unserer Erde waren einmal Teil einer riesigen Gas- und Staubwolke.

GRAVITATION DUNKLER MATERIE
Galaxien sind riesige Ansammlungen von Sternen, Gas und Staub; selbst Licht (das 300.000 km/s „schnell“ ist) kann bei manchen Galaxien 100.000 Jahre benötigen, bis es sie durchquert hat. Galaxien bilden oft Haufen, die auseinanderstreben. Möglicherweise gibt es im weiten Raum zwischen ihnen noch unentdeckte dunkle Materie, deren Gravitation ausreicht, um die Ausdehnung des Universums irgendwann aufzuhalten.

SCHWARZE LÖCHER
Mit seinen Beiträgen zum Wesen der Materie, zu den Schwarzen Löchern und der Entstehung des Weltalls prägt Stephen Hawking (geb. 1942) das neue Weltbild der Physik. Ein Schwarzes Loch entsteht z.B. aus den Resten eines in sich zusammengestürzten massereichen Sterns. Seine Materie verdichtet sich so sehr, daß die Gravitation selbst Strahlung (wie Licht) nicht mehr entweichen läßt. Man kann Schwarze Löcher dann nur an ihrer Gravitationswirkung auf in der Nähe befindliche Materie erkennen.

INTELLIGENTES UNIVERSUM?
Fred Hoyle (geb. 1915) ist einer der Väter des stationären Weltmodells. Danach gibt es keinen Urknall und wird ständig spontan neue Materie erzeugt. Für Hoyle sind manche physikalischen Gesetze von einer überlegenen Intelligenz geschaffen worden, um die Entstehung organischen Lebens zu ermöglichen.

ZURÜCK ZU DEN ANFÄNGEN
Bisher gilt die kosmische Hintergrundstrahlung als wichtiger Beweis für das Urknallmodell. Sie ist eine sehr kurzwellige Strahlung, die man mit großen Radioteleskopen wie dem rechts abgebildeten auffangen kann. Sie erfüllt das ganze Weltall und fällt mit stets gleicher Stärke ein. Man versteht sie als Überrest aus der Zeit unmittelbar vor dem Urknall, als Strahlung und Materie aufgrund höchster Temperatur und Dichte des Plasmas noch nicht getrennt waren. Erst nach einer gewissen Abkühlung konnte sich die Strahlung frei durch das All bewegen.

Register

Bildnachweis

o=oben, u=unten, m=Mitte, l=links, r=rechts

Bildarchiv Preußischer Kulturbesitz, Berlin 54ul. Bridgeman Art Library/Royal Institution 32or;/Schloß Versailles/Giraudon 42or. British Film Institute 14mr. British Library, London 16ol, 26ml. Brown Brothers 51om. Cavendish Laboratory, Cambridge 49or. Camera Press 43or, 52or, 63mu, 63mr. E. T. Archive 11m. Mary Evans Picture Library 10ol, 10ur, 16ul, 18or, 22m, 26mlu, 39om, 44or, 44m. W. H. Freeman and Co., aus: Philip Morrison/Büro Charles und Ray Eames: Powers of Ten, Copyright © 1982 by Scientific American Library 51ur. Robert Harding Picture Library 17ol, 27um. Michael Holford 41m. Hulton Picture Co. Einbandrückseite ml, 8ul, 33mr, 38or, 40m, 50or, 49ul, 54ur. Jet Joint Undertaking 57ur. Mansell Collection 8or, 14ol, 47ul, 48ol, 55om. National Portrait Gallery, London 26ul. Oxford Scientific Films/Manfred Kage 38ol. Ann Ronan Picture Library Einbandvorderseite mr, 13ol, 13or, 19mr, 23or, 42m, 46ol, 46ml. Science Museum Photo Library 12ul, 15ml, 16mru, 21ol, 21om, 21mr, 27om, 28mr, 30ml, 34ml, 34u, 35om, 35or, 35ur, 37ol, 51m, 56ur. Science Photo Library/Brookhaven National Laboratory Einbandvorderseite m;/James Bell 15ur;/Keith Kent 19ol;/Claude Nuridsany und Maria Perendu 19um;/Peter Manzell 23om;/Andrew McClenaghan 39or;/Clive Freeman 41um;/Jeremy Burgess 43ur;/J. C. Revy 45ur, 47m, 58or, 59ml, 59ul, 59or, 59ur, 62ul;/ Peter Menzel 63ur;/US National Archives 55or;/Los Alamos National Laboratory 55mr;/Sandia National Laboratories 55ur;/Los Alamos National Laboratory 57ml;/Barney Magrath 60ol;/Heini Schneebeli 61or. Roger Viollet 28ul. Ullstein Bilderdienst, Berlin 39m. Zefa 14or, 29ml, 50ol, 63or.

Bis auf die obengenannten und einige andere Illustrationen (3ol, 6–7, 11ul, 12–13, 14mr, 15ol, 15ul, 18–19, 24ml, 24ul, 24mr, 25, 28–29, 37or, 44um, 44o, 44or, 45, 60or, 61, 62–63) zeigen alle Bilder Objekte aus den Sammlungen des Science Museum, London.

Bildredaktion: Deborah Pownall, Catherine O'Rourke

Illustrationen: John Woodcock